高职高专电子信息类系列教材

电路基础实验与例题解析

主　编　张　璐　李小龙

副主编　李晓锋　许红红　刘永超　高孝亮

参　编　罗益民　成晓燕　彭兴中

　　　　王文平　李　杨　许　凯

西安电子科技大学出版社

内 容 简 介

本书依据高职高专"电路分析"课程实验部分教学大纲的要求，结合作者院校各实验教师多年的教学实践经验及院校教学设备的实际情况，参考有关资料编写而成。本书主要内容包括电路实验的基础知识，电工、电子实验室常用的电工电子仪器、仪表等设备的使用方法，MCGS 软件的基础使用方法，12 个具有典型代表性的电路实验以及例题解析。

通过学习本书，学生可以学会电工电子相关仪器、仪表的使用方法，掌握电路基础实验所必需的基础知识和技能。

本书可作为高职高专院校电类各专业电路分析实验课程的教材，亦可作为相关从业人员的参考书。

图书在版编目(CIP)数据

电路基础实验与例题解析/张璐，李小龙主编. --西安：西安电子科技大学出版社，2023.9
ISBN 978 - 7 - 5606 - 7021 - 8

Ⅰ. ①电…　Ⅱ. ①张…②李…　Ⅲ. ①电路—实验—高等职业教育—教材　Ⅳ. ①TM13 - 33

中国国家版本馆 CIP 数据核字(2023)第 154146 号

策　　划　杨丕勇
责任编辑　杨丕勇
出版发行　西安电子科技大学出版社(西安市太白南路 2 号)
电　　话　(029)88202421　88201467　　邮　　编　710071
网　　址　www.xduph.com　　　　　　　电子邮箱　xdupfxb001@163.com
经　　销　新华书店
印刷单位　陕西日报印务有限公司
版　　次　2023 年 9 月第 1 版　2023 年 9 月第 1 次印刷
开　　本　787 毫米×1092 毫米　1/16　印张　9.5
字　　数　221 千字
印　　数　1~3000 册
定　　价　29.00 元
ISBN 978 - 7 - 5606 - 7021 - 8/TM

XDUP 7323001 - 1

前　言

　　本书在编写中遵循教育部关于高职高专教育教学的若干文件精神，结合作者院校办学目标，注重素质教育以及实践能力和创新能力的培养；在内容选取上，以"实用""够用"为前提，体现作者院校的专业特色。

　　本书在编写中突出以下几个特点：

　　1. 体现高等职业教育的特色。根据高等职业教育对应的职业岗位所需的知识和技能要求，在内容选取上注重基本实验和基本分析方法，注重职业素养和创新能力培养，淡化或删除复杂的实验。

　　2. 紧密结合理论。根据现有的实验设备，以锻炼学生的实践能力和工程技能为目的，精心设计了12个实验项目。这12个实验项目均以相关理论为指导，实验目标明确，在激发学生学习兴趣的同时，调动学生学习的积极性。

　　3. 紧密配合主课程的教学。无论是实验内容的选取，还是例题的选取与解析，都以帮助学生更好地掌握主课程的知识为目的。

　　本书是在作者院校实验实训教研室和各专业教师评议、讨论的基础上，结合学校的教育教学实际，根据课程教学大纲的要求编写完成的。本书在编写时参考了课程负责人赵珊老师多年来累积的实验教学资料和教学经验，也借鉴了一些其他相关教材，在此向赵珊老师及相关教材的作者深表谢意！

　　因编者水平有限，书中难免存在不妥之处，恳请同行和读者给予批评指正。

编　者

2023 年 5 月

CON TENTS 目 录

第一章
绪 论

第一节 实验课程的学习目的及相关要求

一、学习目的

（1）培养学生观察实验现象和处理实验数据的能力，巩固和加深理解所学理论知识，提高灵活运用理论知识分析与解决实践问题的能力。

（2）培养学生实事求是、一丝不苟、认真严谨的科学态度。

（3）训练学生的基本实验技能，如正确使用常见的仪器仪表、电子器件及相关设备，掌握安全用电知识及一些基本的电工测试技术、实验方法和数据的分析处理方法等。

（4）培养并提高学生的科学实验素养、主动研究的探索精神、遵守纪律和爱护公共财产的优良品德。

二、相关要求

1. 课前预习

学生在每次实验课前，应认真预习实验相关内容，复习与本次实验相关的理论知识，否则，有可能"事倍功半"，而且存在损坏仪器和发生人身事故的危险。每次上实验课之前，老师都应检查学生的预习情况。

课前预习的要求如下：

（1）明确实验目的及实验内容，掌握与实验有关的基本理论，掌握实验仪器和设备的使用方法，清楚实验的操作程序及注意事项等。

（2）写出实验预习报告，内容包括实验目的、实验原理、实验电路、数据记录表等。

（3）预习过程中如果遇到疑问，要在预习报告中做记号，以便在上实验课时向老师请教或与同学讨论，从而解决问题。

2. 课内学习

良好的上课习惯和正确的操作方法是实验顺利进行的有效保证，可参照下列操作方法进行实验：

（1）操作前，老师要进行 15～20 min 的实验相关知识的讲授，学生应该认真听课并做笔记。

（2）接线前，应先检测导线，然后检查设备。

（3）所使用的仪器、仪表、实验板及开关等，应根据连线清晰、调节顺手和读数观察方便的原则合理布局。

（4）接线应遵循以某个部件为中心"先串联后并联""先主后辅"的顺序（检查电路时，也应按这样的顺序进行）以及先接无源部分再接有源部分的顺序；不得带电接线，接线前应先将所有电源开关断开；为避免过电流、过电压损坏设备和元件，接线前应将可调设备的旋钮、手柄置于最安全的位置。

（5）接线时电路的走线位置要合理，接触要良好，要避免在一个接线柱上连接三根以上的导线（可将其中的导线分散到等电位的其他接线柱上）。接好线路后，应先自行检查，确认没有问题后才能接通电源。若要改接线路，则必须先断开电源。

（6）实验中要胆大心细，一丝不苟，认真观察现象，同时分析研究实验现象的合理性。若发现异常现象，应立即切断电源，查找原因，或找老师一起分析原因，查找故障。

（7）实验完毕，先切断电源，但不能拆除电路连线，在指导老师审核、签字并确认测量数据没有问题后再拆线。最后整理好导线，并将仪器设备摆放整齐，搞好实验台卫生。

（8）实验中要爱护公物，注意仪器设备及人身安全。

3. 课后实验报告的整理

实验报告的整理工作主要是实验数据的处理、实验报告的编写（紧跟着预习报告）及完善，其内容应包括数据处理（实验数据及计算结果的整理、分析，并找出误差原因）、曲线绘制、分析讨论和实验思考题等。

三、实验安全及注意事项

电路与电工技术基础实验中经常使用 220 V 的交流电源，为避免发生触电和损坏仪器设备的严重事故，在实验中必须严格遵守安全操作规程，以确保实验过程中的人身安全和设备安全。

实验中的注意事项如下：

（1）不擅自接通电源，不触及带电部分及裸露线路；严格遵守"先接线后通电""先断电后拆线"的操作顺序。

（2）使用电子仪器前，应先熟悉仪器使用方法，了解各种旋钮的作用；使用仪表时，应选择适当量程。

（3）发现异常现象，如设备发热、产生焦味、电流声音不正常，以及电源短路保险丝熔断发出响声等，应立即断开电源，保持现场，并向指导老师报告。造成仪器设备损坏的，需如实向老师反映情况并配合老师做好记录。

（4）注意查看仪器设备的规格、量程，熟悉操作规程，在不了解性能和用法的情况下，不得使用该设备。

（5）搬动仪器设备时，必须双手轻拿轻放。

总之，实验中应当遵守规程，认真细致，反应快捷，同时应保持实验室的和谐与安静。

第二节 // 实验报告要求

电路基础实验分为验证性实验和设计性实验。验证性实验是指对研究对象有了一定了解，并形成了一定认识或提出了某种假说，为验证这种认识或假说是否正确而进行的实验。验证性实验是演示和证明科学内容的活动，科学知识和科学过程分离，与背景无关，注重探究结果(事实、概念、理论)，而不是探究过程。设计性实验是指给定实验目的要求和实验条件，由实验者自行设计实验方案并加以实现的实验。设计性实验的目的在于激发实验者学习的主动性和创新意识，培养独立思考、综合运用知识和文献、提出问题和解决复杂问题的能力。因此，实验的性质不同，对实验报告的要求也不尽相同。

一、验证性实验

1. 实验预习报告的内容

实验预习报告是实验总结的一部分，应包含以下内容：

（1）实验名称。

（2）实验目的。明确通过该实验要达到什么目的，要验证什么理论，需要通过测量什么参数来验证某理论。

（3）实验原理。仔细阅读实验教材及相关理论文献，清楚实验所要验证的理论和实验中测量方法所依据的基本原理。

（4）实验仪器设备。使用实验仪器设备之前，要仔细阅读有关的仪器使用说明，掌握其使用方法。

（5）实验内容、步骤与电路图。认真分析实验电路，并根据实验内容、步骤进行必要的计算，清楚测量中有什么要求，并估算各参数的理论值，以便在实验过程中做到"心中有数"。

（6）思考题。对于实验教材中提出的思考题，应尽量通过仿真或搭建电路来进行求证，或通过查找资料进行求解。

（7）原始数据记录表格。这部分是指导老师考证实验效果的依据之一，应保证表格干净、整齐。

（8）实验操作注意事项。

实验预习报告的内容要求简洁、明了。预习是一个为实验做准备的过程，不需要实验者把实验教材原封不动地抄写一遍。实验者应结合自己的理解，用自己的语言简要地完成实验预习报告。

2. 实验总结报告的内容

实验总结报告是在实验预习报告的基础上进行加工处理的总结报告，是对实验过程的全面总结，也是评定实验成绩的重要依据，必须认真书写。实验总结报告的内容应包括：

（1）实验数据的处理。对实验课程中老师签字确认的实验数据进行处理和误差计算及分析。

（2）曲线图或波形图（应使用坐标纸绘制）。绘制曲线图或波形图时，应选用坐标系，合理选择坐标分度，标明坐标名称和单位，将测量点标注在坐标系中并用线连接起来。如果曲线不光滑，可用直觉法或分组平均法修匀曲线。

（3）相关实验教材中提出的思考题的解答。

（4）实验结果的总结，包括实验结论（用具体数据和观察到的现象说明所验证的理论），实验现象的解释和分析，实验过程中遇到的困难及其解决方法，对实验的认识、收获及改进意见等。

（5）相关实验教材中对总结报告提出的其他要求。

（6）老师签字的原始实验数据。可将其作为附录，附在总结报告后面。

二、设计性实验

1. 实验预习报告的内容

做设计性实验前，实验者必须明确实验的目的和任务，并在预习阶段设计出实验方案。所以，预习在设计性实验中非常重要。设计性实验的实验预习报告应包括以下内容：

（1）实验名称。

（2）已知条件，即设计性实验给出的条件。

（3）主要技术指标。实验实现要达到的主要技术参数和指标，例如电源电压大小、工作电流大小、额定功率大小等。

（4）实验所需仪器。

（5）电路工作原理，具体的电路设计方案。根据实验的已知条件及主要技术指标给出实验实施方案，包括实验步骤、内容及实验电路图。在此过程中，实验者应仔细查阅并消化相关文献手册，提出可行的实验方案。

（6）列出实验需测试的技术参数，以便实验时对其进行测量。

2. 实验总结报告的内容

设计性实验的实验总结报告主要包括以下内容：

（1）电路连接及测量相关内容。电路连接：电路图及连接电路的方法和技巧；测量相关内容：所使用的仪器、设备，测量数据和记录。

（2）故障分析及解决的方法。在电路连接、测量时出现的故障及其原因和排除方法。

（3）测量数据的计算和处理，以及对其结果的讨论与误差分析。

（4）思考题的回答。

（5）设计电路的特点和方案的优、缺点的总结，指出实验的核心及实用价值，提出改进意见并展望。

（6）参考文献。

（7）实验的收获和体会。

综上，书写实验报告时，要求思路清晰，文字简洁，图表正规、清楚；尊重实验原始数据（即不可随意涂改实验原始数据），且计算准确，结论合理，并进行必要的分析与研究。

学生应根据自己的理解来完成实验报告，切忌抄袭，且在规定时间内交给指导老师。

第三节 // 电子测量的基本知识

一、电子测量

测量是为确定被测对象的量值而进行的实验过程，在这个过程中，测量者借助专门的设备把被测量直接或间接地与同类标准量进行比较，取得用数值和单位共同表示的测量结果。从广义上来说，凡是利用电子技术进行的测量都可以说是电子测量。从狭义上来说，电子测量是指对电子学中各种电参量进行的测量。电子测量主要包括以下几方面的内容：

（1）电路参数的测量，指对电阻、电容、阻抗、品质因数、能耗率等参量的测量。

（2）信号特性的测量，指对频率、周期、时间、相位、调制系数、失真度等参量的测量。

（3）能量的测量，指对电流、电压、功率、电场强度等参量的测量。

（4）电子设备性能的测量，指对通频带、放大倍数、衰减量、灵敏度、信噪比等参量的测量。

（5）特性曲线的测量，指对幅频特性、相频特性、器件特性等参量的测量。

上述各种参量中，频率、时间、电压、相位、阻抗等是基本参量，其他的为派生参量，其中，电压是最基本、最重要的测量内容。

二、几种基本电参量的意义及表示

（1）直流电压（或电流）。直流电压（或电流）是指不随时间变化的电压（或电流），或广义理解为以直流分量为主的周期电压（或电流）。直流电一般用符号"DC"或"—"表示。典型的直流电压有干电池的电压、直流稳压电源的电压。直流电压加在纯电阻电路中，得到的电流就是直流电流。

（2）交流电压（或电流）。交流电压（或电流）是指随时间做周期性变化而直流分量为零或广义理解为直流分量可以忽略的电压（或电流）。交流电一般用符号"AC"或"～"表示。市电就是典型的交流电压，除此之外，函数信号发生器产生的方波、三角波也是交流电压。交流电压一般用幅度、峰峰值、有效值等来表示，除此之外还有波形系数、波峰系数等表示法。

（3）振幅（幅度）。正弦量的绝对值在一个周期内所能达到的最大值，一般用变量带下标 m 表示。如一个周期性交流电压 $U(t)$ 的最大瞬时值就称为该交流电压的幅度，表示为 U_m。

（4）峰值。峰值就是一个周期中信号的最大值，在直流分量为 0 时它等于幅度，一般用变量带下标 p 表示。如一个周期性交流电压 $U(t)$ 的峰值用 U_p 表示。

（5）峰峰值。峰峰值即一个周期中信号的波峰到波谷的差值，一般用变量带下标 pp 表示。如一个周期性交流电压 $U(t)$ 的峰峰值用 U_{pp} 表示。

（6）峰值、幅度与峰峰值的关系如图 1-1 所示。

（7）有效值。如果一个交流电压（或电流）通过一个电阻在一个周期时间内所产生的热量和某一直流电压(或电流)通过同一电阻在相同的时间内产生的热量相等,那么这个直流电压(或电流)的量值就称为交流电压(或电流)的有效值,一般用变量带下标 rms 表示,如电压有效值用 U_{rms} 表示。我们生活中使用的市电电压 220 V 就是供电电压的有效值。对于正弦信号,有 $1U_{pp} = \sqrt{2}\, U_{rms}$,$1U_{pp} = 2U_m$。

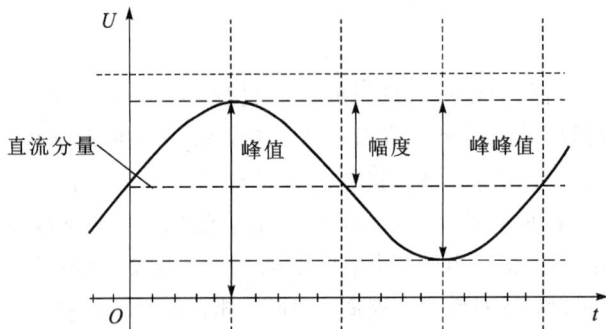

图 1-1 峰值、幅度与峰峰值的关系

注意,一般没有特别说明时,交流电压的测量值都是指有效值,用 U_{rms} 表示。通常用电压、电流或功率来表示一个信号。

第四节 实验电路连接后的检查及故障处理

一、实验电路连接后的检查

实验电路连接好后,应进行相应的检查,检查无误后方可进行实验。

(1)检查连线情况。不管是安装在实验板上还是安装在印制板上的电路,即使连线数量不是很多,也难免发生错接、少接和多接线的情况。检查连线一般可直接对照电路图进行。若电路中的连线较多,则应以节点为中心,按自上而下、从左至右的顺序检查其有关支路,这样不仅可以查出错接或少接的线,而且也较易发现多余的连线。为了确保连线的可靠,在检查连线的同时,还可以使用万用表电阻挡对连线进行通断检查。通断检查最好直接在实验板接线柱上进行,这样可以同时查出"断路"隐患。

(2)检查仪器设备的连接情况。对于直流实验电路,重点检查直流稳压电源、仪表极性是否接错,以及设备间有无短接,同时还需检查接线处是否可靠。对于交流实验电路,重点检查调压器火线零线、输入输出端是否接反,电路间有无短接。

(3)检查电源。检查直流电源、信号源、地线是否连接正确,检测直流电源、信号源的波形数据是否符合要求。

二、实验电路的故障处理

实验中出现故障是难免的。通过对电路简单故障的分析、具体诊断和排除,可以提高操作者分析问题和解决问题的能力。

实验电路中常见的故障多属参数异常、开路、短路等三种类型。这些故障通常是由于接错电路、设备损坏、实验仪器使用不当或数值给定不当、接触不良或导线内部断路等因素造成的。对于一些不明显的故障，需要根据实验数据进行判断。在没有错测、错读、错记和漏测的前提下，如果所读取的数据与估计值相差过大，应该考虑为实验故障。不论何类故障，如不及早发现并排除，都会影响实验的正常进行，甚至造成严重损失。

故障检测的方法有很多，一般是根据故障类型确定部位，缩小范围，再在范围内逐点检查，最后找出故障点并予以排除。故障检测方法主要有：

（1）明显的故障可以通过感官发现，气味、声响、温度等异常反应一旦出现，应立即切断电源，找出故障点。

（2）检查电路接线有无错误，依次检查电源进线、保险丝、电路输入端子各部分有无电压，以及电压是否符合要求。

（3）使用万用表（电压挡或电阻挡）在通电或断电状态下检查电路故障。

① 通电检测法：用万用表电压挡（或电压表）在接通电源情况下进行故障检测。根据实验原理，电路中某两点间应该有电压而用万用表测不出，或某两点间不应该有电压而用万用表测出了，那么故障就在此两点间。

② 断电检测法：用万用表电阻挡在断开电源情况下进行故障检测。根据实验原理，电路中某两点间应该导通（或电阻极小）而用万用表测出开路（或电阻很大），或两点间应该开路（或电阻很大）而用表测得的结果为短路（或电阻很小），则故障在此两点间。

（4）用示波器在通电状态下检查电路故障。用示波器从信号源输入端到信号输出端逐级检查波形，哪一级的波形与正常波形不同，则故障就在此级。

在选择检测方法时，要针对故障类型和实验电路结构进行选择。在发生短路故障或电路工作电压较高（200 V 以上）时，不宜用通电法检测，因为这两种情况下，有损坏仪表、元件和触电的可能。

第五节 // 实验室安全守则

学生进入实验室后，应遵守实验室安全守则，听从老师的指导。实验室的基本安全守则如下：

（1）不准穿拖鞋或赤脚进入实验室，以防止漏电引起事故。

（2）使用仪器前必须了解其性能、操作方法及注意事项，并在使用中应严格遵守。

（3）实验时接线要认真，要仔细检查，确保无误后才能通电。初学或没有把握时，应经指导老师检查后再通电。

（4）实验时应注意观察异常现象，若发现有破坏性异常现象（如器件冒烟、发烫或有异味），应立即关断电源，保持现场，并报告指导老师。在找出原因、排除故障并经指导老师同意后才能继续实验。如果发生事故（如器件或设备损坏），应主动填写事故报告单，服从处理决定（包括经济赔偿），同时要总结经验，吸取教训。

（5）实验过程中需要改接线路时，应先关断电源，然后再拆线和接线。

（6）在进行焊接实验时，电烙铁的使用应规范，以免烫伤和烫坏其他设备。

（7）实验结束后，必须将仪器电源关断，并将工具、导线等按规定整理好，保持桌面干净，老师签收后才可离开实验室。

（8）在实验室不可大声喧哗、打闹，不可做与实验无关的事，避免事故发生。

（9）遵守实验室纪律，遵照 6S，即整理（Seiki）、整顿（Seition）、清扫（Seiso）、规范（Seiketsu）、素养（Shitsuke）、安全（Safety）操作规范，不私自更换别组设备，不串组做实验，不在仪器设备或桌面乱写乱画，爱护一切公物，保持实验室的整洁。

第二章

常用仪表基本知识

第一节 仪表的误差与准确度等级

一、误差的概念

在测量中，无论所用的测量器具的精度有多高，测量方法有多么完善，所得到的测量结果都不可能完全与被测量的真值一致。仪表的测量值与被测量的真值之间的差值称为测量误差，简称误差。

二、仪表误差的分类

仪表误差根据误差产生的原因不同可分为基本误差和附加误差。

1. 基本误差

基本误差是指仪表在规定的温度、湿度、频率、波形、放置方式以及无外界电磁场干扰等正常工作条件下，由仪表本身所产生的误差。它是由于仪表本身结构或在制造工艺上的不完善，如轴尖与轴承之间的摩擦、弹簧变形、标度尺刻度不准、装配得不好等原因产生的误差。

2. 附加误差

附加误差是指仪表在非正常的工作条件下产生的误差，如温度、湿度、外界磁场等变化使仪表产生了附加误差。

三、误差的表示方法

指示仪表的误差表示方法有三种：绝对误差、相对误差、引用误差。

1. 绝对误差 Δ

绝对误差是指仪表的测量值 A_X 与被测量的真值 A_0 之间的差值，即

$$\Delta = A_X - A_0 \tag{2-1}$$

绝对误差有正负之分，它的大小和符号分别表示测量值偏离真值的程度和方向，并且还应使用与被测量相同的单位。绝对误差主要用于对同一被测量的误差比较。

例 1 当两块仪表同时测量 80 V 的电压时,仪表 1 的读数为 80.5 V,仪表 2 的读数为 79 V,求这两个仪表的绝对误差。

解 由式(2-1)得

$$\Delta_1 = A_{X1} - A_0 = 80.5 - 80 = 0.5 \text{ V}$$

$$\Delta_2 = A_{X2} - A_0 = 79 - 80 = -1 \text{ V}$$

由此可知,仪表 1 的测量结果比仪表 2 的要准确,且仪表 1 的误差为偏大方向的误差,仪表 2 的误差为偏小方向的误差。

2. 相对误差 γ

当被测量不是同一个量时,绝对误差就不能反映其测量的准确度,这时,应用相对误差的大小来判断其数据测量结果的准确度。相对误差通常用百分数表示:

$$\gamma = \frac{\Delta}{A_0} \times 100\% \approx \frac{\Delta}{A_X} \times 100\% \tag{2-2}$$

若不知道真值 A_0,可用 A_X 代替。在这里应注意,测量结果的准确度是指测量结果 A_X(也可称作示值)与被测量真值 A_0 之间相接近的程度,是对测量结果准确程度的量度。误差是指示值与真值的偏离程度。准确度与误差本身的含义是相反的,但两者又是紧密联系的,误差越小,代表测量结果的准确度越高。因此,在实际测量中,往往采用相对误差的大小来表示或比较不同的被测量测量结果准确度的高低。

例 2 电压表 1 在测量 20 V 电压时,绝对误差为 0.4 V,电压表 2 在测量 100 V 电压时,绝对误差为 1 V,试求它们的相对误差,并比较两个测量数据的准确度。

解 由式(2-2)得

$$\gamma_1 = \frac{\Delta_1}{A_0} \times 100\% = \frac{0.4}{20} \times 100\% = 2\%$$

$$\gamma_2 = \frac{\Delta_2}{A_0} \times 100\% = \frac{1}{100} \times 100\% = 1\%$$

由此可知,虽然电压表 1 的绝对误差比电压表 2 的小,但相对误差却比电压表 2 的大,说明电压表 2 比电压表 1 的测量结果的准确度高。在实验室数据测量中,除特别高的技术要求外,一般相对误差至少应控制在 3% 以下。

3. 引用误差 γ_n

相对误差可以表示数据测量结果的准确度,但却不足以说明仪表本身的准确性能。一般用引用误差 γ_n 来表示仪表的准确性。引用误差表示为

$$\gamma_n = \frac{\Delta}{A_m} \times 100\% \tag{2-3}$$

式中,A_m 为仪表的量程。

指示仪表在测量值不同时,其绝对误差略有不同,那么仪表在各个刻度处的引用误差也就不完全相同。为了使引用误差能包括整个仪表的基本误差,工程上规定以引用误差中的最大值——最大引用误差 γ_{nm} 来表示仪表的准确度。

4. 仪表的准确度等级 K

仪表的准确度通常是用最大引用误差来表示的。按照国家标准 GB 776—76《电测量指示仪表通用技术条件》的规定，电工仪表的准确度共分七个等级，即 $K=0.1，0.2，0.5，1.0，1.5，2.5$ 和 5.0 级，K 与最大引用误差 γ_{nm} 的关系可表示为

$$\pm K\% = \gamma_{nm} = \frac{\Delta_m}{A_m} \times 100\% \qquad (2-4)$$

式中，Δ_m 为仪表的最大绝对误差。

如 K 为 0.5 级的仪表，表明该仪表的基本误差不会超过 $\pm0.5\%$。要注意的是，在用式 (2-4) 计算时，若 $\gamma_{nm}=0.15\%$ 时，则 K 不能归为 0.15 级，应属于 0.2 级。

例 3　用 $K=1.0$ 级，$A_m=10$ A 的电流表测量 4 A 的电流时，其最大可能的相对误差是多少？

解　由式 (2-4) 得

$$\Delta_m = \frac{\pm K \times A_m}{100} = \frac{\pm 1.0 \times 10}{100} = \pm 0.1 \text{ A}$$

$$\gamma = \frac{\Delta_m}{A_0} \times 100\% = \frac{\pm 0.1}{4} \times 100\% = \pm 2.5\%$$

从例 3 的计算结果可知，测量结果的准确度并不等于仪表的准确度。

例 4　将上例中的电流表改为 $K=0.5$ 级，$A_m=100$ A 的电流表，仍测量 4 A 的电流时，测量结果的准确度（即相对误差）如何？

解

$$\Delta_m = \frac{\pm K \times A_m}{100} = \frac{\pm 0.5 \times 100}{100} = \pm 0.5 \text{ A}$$

$$\gamma = \frac{\Delta_m}{A_0} \times 100\% = \frac{\pm 0.5}{4} \times 100\% = \pm 12.5\%$$

由上述示例可知，仪表的准确度虽然提高了，但测量结果的准确度却反而下降了。所以选择仪表时，片面追求仪表的精度而忽视了对仪表量程的选择是错误的。在选择量程时，为了保证测量结果的准确性，应尽量使指针指示在标度尺（刻度）的 2/3 以上的区域。一般认为指针若在标度尺的后 1/4 段时，测量误差约等于仪表的 K（等级），在 1/2 段时，测量误差约为仪表 K 的 2 倍。

第二节 /// 常用仪表的分类及表面标记

一、电工仪表的基本组成

电工仪表是实现电磁测量过程中所需技术工具的总称。在电工专业领域，经常接触的电工指示仪表，一般由测量线路和测量机构两部分组成。

1. 测量机构

电工指示仪表的任务，就是把被测的电量转换为可动部分的偏转角，并使二者之间保持一定的比例关系。偏转角的大小反映了被测量的数值，并可在刻度盘上直接指示测量的结果。为了把所测量的电量转换为偏转角，任何指示仪表都有一个接受电量后能产生偏转运行的机构，这种机构就是测量机构。

2. 测量线路

测量线路是把被测量转换为测量机构能接受的量的线路。

二、常用电工仪表的分类及表面标记

1. 仪表的分类

电气测量指示式仪表的种类繁多，分类方法也很多，了解仪表的分类有助于认识它们所具有的特性，对学习指示式仪表的概况有一定的帮助。下面介绍几种常见的分类方法。

1）按仪表的工作原理分类

根据仪表的工作原理，指示仪表可分为磁电系仪表、电磁系仪表、电动系仪表、感应系仪表等。

2）按被测对象分类

根据被测对象的不同，指示仪表分为电流表、电压表、功率表、欧姆表、电度表以及多种用途的万用表等。

3）按被测电量的种类分类

根据被测电量的种类不同，指示仪表可分为直流仪表、交流仪表、交直流两用表。

4）按准确度分类

根据测量准确度等级，指示仪表可分为 0.1、0.2、0.5、1.0、1.5、2.5 和 5.0 七个等级。此外，还有按工作位置、防御能力、使用方式等进行分类。

2. 指示仪表的表面标记

电工指示仪表的表盘上有许多表示其基本技术特性的标记符号，这类反映仪表技术特性的标记叫作仪表的表面标记。表面标记相当于一个仪表的说明书，若要正确使用仪表就必须看懂和熟记一些常用仪表的表面标记符号。常用的仪表表面标记见表 2-1。

表 2-1　常用仪表的表面标记

名　称	符　号	名　称	符　号
测　量　单　位　的　符　号			
千安	kA	千乏	kvar
安培	A	乏	var
毫安	mA	兆赫	MHz

续表

名　称	符　号	名　称	符　号
微安	μA	千赫	kHz
千伏	kV	赫兹	Hz
伏特	V	兆欧	MΩ
毫伏	mV	千欧	kΩ
千瓦	kW	欧姆	Ω
瓦特	W	功率因数	$\cos\varphi$
仪　表　工　作　原　理　的　符　号			
磁电系	∩	磁电系比率表	⊗
电磁系	≸	整流系	⊿
电动系	⊟	感应系	⊙
电　流　种　类　符　号			
直流	—	直流和交流	≃
交流（单相）	∼	三相交流	≋
准　确　度　等　级　的　符　号		绝　缘　强　度　的　符　号	
以标度尺量限百分数表示的准确度为 1.5 级	1.5	不进行绝缘强度试验	☆
以指示值的百分数表示的准确度为 1.5 级	(1.5)	绝缘强度试验电压为 500 V	☆
以标度尺长度百分数表示的准确度为 1.5 级	∠1.5	绝缘强度试验电压为 2 kV	☆
工　作　位　置　符　号			
标度尺位置为垂直的	⊥	标度尺位置为水平的	⊓
端　钮　和　调　零　器			
正端钮	＋	接地用端钮	⏚
负端钮	－	与外壳相连接的端钮	⊥
公共端钮或电源端钮	＊	调零器	⌒
接　外　界　条　件　分　组　符　号			
Ⅰ级防外磁场	Ⅰ	Ⅲ级防外磁场	Ⅲ
Ⅱ级防外磁场	Ⅱ	Ⅳ级防外磁场	Ⅳ

第三节　常用电工仪表的工作原理

一、指示仪表的工作原理

在常用的电工仪表中，有相当数量是指示仪表。指示仪表指利用指针的偏转来指示被测量的仪表。这类仪表主要由两个基本部分组成：测量机构（表头）和测量线路。在表头中有三个基本部分：产生转动力矩的驱动部分、产生反作用力矩的控制部分及产生阻尼力矩的阻尼部分。表头的基本工作原理是：被测量经过测量线路变换成适于测量机构接收的量，测量机构接收输入量后产生一个转动力矩，去驱动与指针相连的活动部分，使之发生偏转；随着偏转角的增加，与转动力矩方向相反的反作用力矩也成比例增大，直到它等于转动力矩时，指针在阻尼力矩的作用下，平衡在一定的偏转角上，这时偏转角的大小就反映了测量机构所接收的被测量的大小。值得注意的是，阻尼力矩在指针平衡后，就消失了，指针运动时才会产生。

指示仪表的测量机构都有驱动部分、控制部分及阻尼部分三大部分，只是不同类型的仪表测量机构，这三个部分结构不完全一样，所以形成了不同类型的仪表，如磁电系、电磁系、电动系。它们的工作原理是相同的，都是利用电磁现象，使仪表的可动部分受到电磁转矩的作用而转动，从而带动指针偏转来指示被测量的大小。

二、磁电系仪表

磁电系仪表由于其准确度高、灵敏度高、功耗比较小、刻度均匀、受外界磁场影响小等优点，成为直流测量中的首选仪表。由磁电系表头加上不同的测量线路可构成多种测量仪表，如磁电系电流表、磁电系电压表和磁电系欧姆表等。

1. 磁电系电流表

磁电系电流表是由表头并联分流器或分流电阻组成。它扩大量程的方法是通过并联不同的分流电阻来实现，如图 2-1 所示。

虚线框内表示电流表，图中 R_g 代表表头内阻，R_S 代表分流电阻。R_g 与 R_S 及扩大量程倍数 K_A 之间的关系为

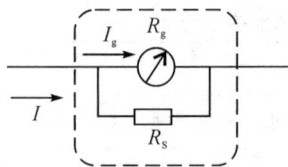

图 2-1　电流表工作原理

$$R_S = \frac{R_g}{K_A - 1} \tag{2-5}$$

式中：$K_A = I/I_g$，由于分流电阻 R_S 一般都比较小，所以与表头电阻 R_g 并联后的总电阻，即电流表的内阻 R_A 比 R_S 更小，这就是电流表的内阻为什么一般都非常小的原因，显然是由电流表的结构组成所决定的。因此使用电流表时要特别注意。电流表在使用时应掌握以下几点：

（1）电流表型式的选择。

测量直流电流时，应选用磁电系电流表；测量交流电流时，应选用电磁系或电动系电流表。

（2）电流表量程的选择。

选择电流表量程时，首先应根据被测电流的大小，使所选的量程大于被测电流。若测量前无法判断电流大小时，则应先选用大量程去试测，再根据指针偏转情况选择适当的量程。为了减小测量误差，选择量程时注意尽量使指针偏转在 2/3 以上的刻度区域。

（3）电流表的连接。

电流表必须串联接在被测电路中。在测量直流电流时，还要注意接入时的正负极性不能接错，电流表的"＋"应接电路中的高电位即电流的流入端，电流表的"－"应接电路中的低电位即电流的流出端，否则会使表针反偏，损坏仪表。

（4）电流表内阻对测量值的影响。

为了减小电流表内阻对电路的影响，要求电流表的内阻尽可能小，特别是在小电阻电路中，这种影响不可忽视。例如，图 2-2 所示的电路中，$R=10\ \Omega$，$U=20\ V$，电流表内阻 $R_A=1\ \Omega$，通过计算可知，电路中的实际电流应为 2 A，而电流表的测量值为

$$I_A = \frac{U}{R+R_A} = \frac{20}{10+1} = 1.82\ A$$

比实际值 2 A 要小。

由电流表内阻得数据结果的准确度为

$$\gamma = \frac{\Delta}{A_0} \times 100\% = \frac{1.82-2}{2} \times 100\% = 9\%$$

图 2-2　电流表串联接入电路

因此，一般要求 $R_A \leqslant \frac{1}{100}R$。

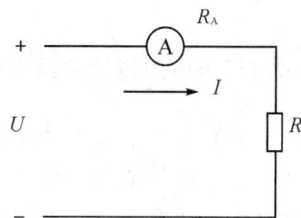

2. 磁电系电压表

磁电系电压表由表头串联附加电阻组成，其扩大量程的方法是通过串联不同的附加电阻来实现的。

如图 2-3 所示，虚线框内表示电压表，图中 R_g 代表表头内阻，R_d 代表分压的附加电阻。R_g 与 R_d 及扩大量程倍数 K_V 之间的关系为

图 2-3　电压表工作原理

$$R_d = (K_V - 1)R_g \tag{2-6}$$

式中：$K_V = U/U_g$。由于分流电阻 R_d 一般都比较大，所以与表头电阻 R_g 串联后的总电阻，即电压表的内阻 R_V 会更大，这就是电压表的内阻为什么一般都非常大的原因，显然是由电压表的结构组成所决定的。电压表在使用时应掌握以下几点：

（1）电压表型式的选择。

测量直流电压时，应选用磁电系电压表；测量交流电压时，应选用电磁系或电动系电压表。

（2）电压表量程的选择。

选择电压表量程时，首先应根据被测电压的大小，使所选的量程大于被测电压。若测量前无法判断电压大小时，则应先选用大量程去试测，再根据指针偏转情况选择适当的量程。

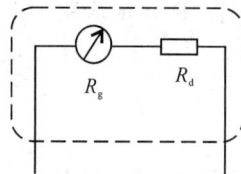

为了减小测量误差,选择量程时注意尽量使指针偏转在 2/3 以上的刻度区域。

(3)电压表的接线。

测量电压时,电压表必须并联接在被测电压的两端。在测量直流电压时,还要注意接入时的正负极性不能接错,电压表的"+"应接电路中的高电位,电压表的"—"应接电路中的低电位,否则会使表针反偏,损坏仪表。

(4)电压表内阻对测量值的影响。

为了减小电压表内阻对电路的影响,要求电压表的内阻尽可能大,特别是在高电阻电路中。例如,在图 2-4 所示的电路中,$R_1 = R_2$ 均为 10 kΩ,$U = 50$ V,电压表内阻 $R_V = 10$ kΩ,通过计算可知,电路中 R_2 的实际电压应为 25 V,而电压表的测量值为

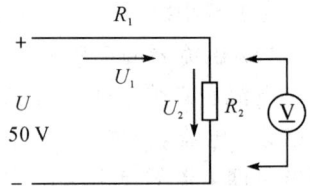

图 2-4 电压表并联接入电路

$$U_{R2} = \frac{U}{R_1 + (R_2 \ /\!/ \ R_V)} \times (R_2 \ /\!/ \ R_V) = \frac{50}{10 + \frac{10 \times 10}{10 + 10}} \times \frac{10 \times 10}{10 + 10} = 16.67 \text{ V}$$

而由电压表内阻得数据结果的准确度为 $\gamma = \dfrac{\Delta}{A_0} \times 100\% = \dfrac{16.67 - 25}{25} \times 100\% = 33.3\%$,所以,一般要求 $R_V \geqslant 100 R$。电压表的各个量程内阻与相应电压量程的比值称为电压表的灵敏度。它是电压表的一个主要参数,其单位是 Ω/V。根据这个参数,可以计算电压表各量程的内阻,如在指针式万用表的表面就有这样的标记 DC:20 000 Ω/V,当使用直流 10 V 挡时,仪表内阻 $R_V = 20\ 000\ \Omega/V \times 10V = 200$ kΩ。

3. 磁电系欧姆表

磁电系表头配上适当的测量线路就构成了测量电阻的欧姆表。图 2-5 为欧姆表的基本原理图,图中 R 为附加电阻,E 为电池,R_X 为被测电阻。由图可知,当欧姆表在被测电阻两端时:

$$I_g = \frac{E}{R_g + R + R_X} \tag{2-7}$$

显然,当 E、R_g 和 R 一定时,I_g 随 R_X 改变而变化,而通过表头的电流 I_g 与表头的指针偏转角成一一对应的正比关系。因此,R_X 与指针的偏转角也形成了一一对应关系被指示出来。由式(2-7)可知,当 R_X 增大时,仪表指针的偏转角随着表头电流 I_g 减小而减小,即偏转角越小,对应的被测电阻越大,反之,偏转角越大,对应的被测电阻越小。由此得出欧姆表的两个特征:

(1)欧姆表的刻度尺为反向刻度。

(2)欧姆表的刻度是不均匀的,因为 R_X 与 I_g 不是成线性正比关系。在图 2-5 中,去掉被测电阻后,欧姆表的总内阻 $R_0 = R_g + R$,R_0 又称为欧姆表的中值电阻或欧姆表的电阻中心值。

根据式(2-7)可知,当 $R_X = 0$ 时,

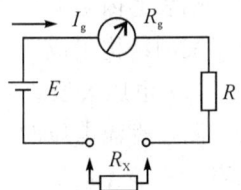

图 2-5 欧姆表工作原理

$$I_g = \frac{E}{R_g + R + R_X} = \frac{E}{R_0 + 0} = I_m$$

I_m 为满偏电流，这时指针的偏转角也随 I_m 偏转在最大位置。当 $R_\mathrm{X}=R_0$ 时，I_g 等于满偏电流 I_m 的一半，这时指针正好指示在欧姆表的中心位置。因此，欧姆表的总内阻由此得名为欧姆表的中值电阻。

$$I_\mathrm{g}=\frac{E}{R_0+R_\mathrm{X}}=\frac{E}{R_0+R_0}=\frac{I_\mathrm{m}}{2}$$

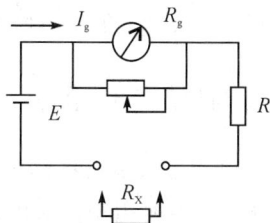

欧姆表的刻度设计是以标度尺中央刻度为标准制造的，在刻度盘右半段 $R：0\sim R_0$，在刻度盘左半段 $R：R_0\sim\infty$，分布密，不易读。为了准确测量电阻，在选择欧姆表的倍率时，应使指针偏转在中心位置附近。为了测量不同范围内的电阻，欧姆表做成了具有不同中值电阻的多挡欧姆表。还要指出的是，在以上的分析中，欧姆表中的电池 E 是恒定不变，但实际上，电池 E 不可能保持不变，当电池电压减小时，I_g 随之

图 2-6　带调零器的欧姆表工作原理

减小，在 $R_\mathrm{X}=0$ 时，指针就不在满偏 0 欧姆位置上。因此，需用零欧姆调节器，即在表头上并联一个可调电阻，改变分流比，从而消除因电池 E 不足所造成的误差，如图 2-6 所示。因此，欧姆表使用之前必须调零。万用表的欧姆挡就是一个多量程的磁电系欧姆表。

三、电磁系仪表

电磁系仪表有结构简单、过载能力强、交直流两用等优点，主要用于测量交流电量。

1. 电磁系电流表

利用电磁系测量机构就可以制成电磁系电流表，但其扩大量程的方法与磁电系电流表不同，常采用将表头中的固定线圈分段，改变固定线圈的串并联方式来改变量程，如图 2-7 所示。图 2-7 中线圈分成了两组，它们的线径、匝数 N 及尺寸相同，通过连接片将两组线圈串联，如图 2-7(a)，为低量程；通过连接片将两组线

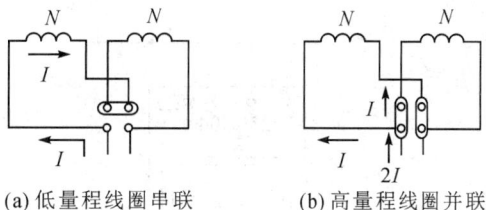

(a) 低量程线圈串联　　　(b) 高量程线圈并联

图 2-7　双量程电流表接线图

圈并联，如图 2-7(b)，为高量程，通过线圈的电流并没有变，但量程却扩大了一倍，既保证了必需的匝数（$2IN$），又没有过载。

2. 电磁系电压表

将电磁系仪表的表头与分压的附加电阻串联，即可构成电磁系电压表。电磁系电压表扩大量程的方法与磁电系电压表一样，即通过串联不同的附加电阻来实现不同量程的测量。测量时应并联接在被测元器件的两端。

电磁系仪表在使用时应注意以下几个方面：

（1）电磁系仪表虽然是交直流两用的仪表，但是由于在直流测量中，存在磁滞问题，易产生较大的误差，所以一般不用电磁系仪表测量直流电量。而在测量交流时，标度尺是以交流的有效值来刻度的，因此也可测量非正弦交流电。

（2）电磁系仪表的标度尺刻度是不均匀的，0刻度附近刻度较密，不易读数。因此在选择量程时，应尽量使指针偏转在 2/3 以上的刻度区域。

（3）电磁系仪表表头容易受外界磁场的影响而产生误差，测量时应远离外磁场。

（4）与磁电系仪表相比，电磁系电流表的内阻不是很小，而电磁系电压表的内阻又不是很大，因此，测量时应考虑仪表内阻对测量数据的影响。

四、电动系仪表

电动系仪表有准确度较高、频率特性好且交直流两用等优点，主要用于交流电的精密测量。

1. 电动系电流表

电动系电流表的表头中有两个线圈，一个是固定线圈（简称定圈，且定圈做成了两个相同的部分），一个是可动线圈（简称动圈），定圈与动圈串联即可构成电流表，如图2-8所示，虚线框内表示电流表，1表示定圈，2表示动

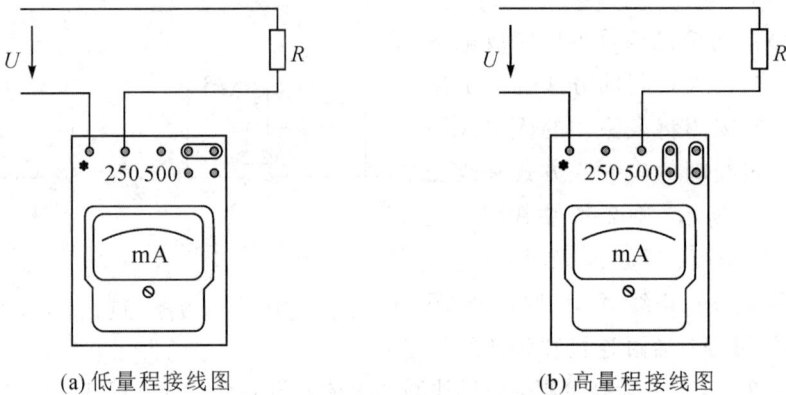

图 2-8 电动系电流表工作原理

圈。电动系电流表扩大量程的方法与电磁系电流表一样，通过连接片改变定圈两部分的串并联方式来实现不同量程的测量。测量时，虽然和一般电流表一样，连接片串联在电路中，但使用不同量程时，连接片接法有区别，如图2-9所示，(a)为低量程时电流表的接线图，(b)为高量程时电流表的接线图。

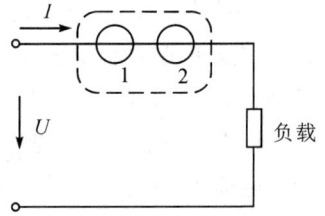

(a) 低量程接线图　　　　(b) 高量程接线图

图 2-9 电动系电流表接线图

2. 电动系电压表

电动系电压表由表头中的定圈与动圈及附加电阻 R_d 串联构成，如图2-10所示。虚线框内表示电压表，改变 R_d 值，即可得到不同的电压量程。电动系电压表的使用与一般电压表一样，应并联在电路中，如图2-11所示。

在使用电动系电流表和电动系电压表时还应注意，它们的标度尺刻度是不均匀的，在选择量程上，应尽量不要使指针偏转在起始区域。由于内阻对测量数据的影响，电动系仪表的测量误差比磁电系仪表、电磁系仪表的都要大。

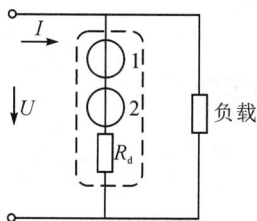

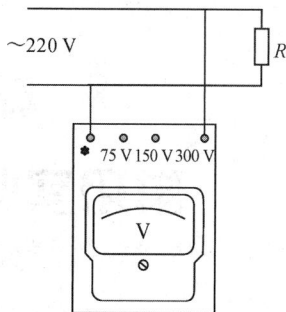

图 2-10　电动系电压表工作原理　　　　　图 2-11　电动系电压表接线图

思考题与习题

1. 说明仪表的准确度与数据测量结果的准确度的区别。

2. 用量程为 10 A 的电流表，测量一实际值为 8 A 的电流，若读数为 8.11 A，求测量的绝对误差和相对误差。若求得的绝对误差被视为最大绝对误差，那么仪表的准确度等级为哪一级？

3. 一只电流表的准确度为 0.5 级，有 1 A 和 0.5 A 两个量程，现分别用这两个量程测量 0.35 A 的电流，计算它们的最大相对误差，并分析采用哪个量程为好。

4. 用 0.5 级、250 V 的电压表和 2.5 级、30 V 的电压表分别测量 30 V 的电压，试比较它们可能出现的最大相对误差。从中可以得到什么启示？

5. 磁电系电流表由哪两个部分怎样构成？磁电系电压表由哪两个部分怎样构成？

6. 有一磁电系表头，其量程为 150 mV，满偏电流为 5 mA，其内阻为多少？若扩大量程为 150 V 的电压表，其附加电阻和总电阻是多少？若将它改为量程为 3 A 的电流表，其分流电阻和总电阻各为多少？

7. 有一串联电路，$R_1 = R_2 = 100$ kΩ，电源电压为 40 V，若用内阻为 100 kΩ 的电压表测量 U_{R2} 的电压，其电压表的读数是多少伏？测量结果的准确度为多少？

8. 对于指针式万用表(MF500 型)，当量程选择、面板读数如下所示时，其实际代表的电量分别为多少？

量程选择分别为：2.5 V，10 V，50 V，250 V，500 V，100 mA；

面板读数：26 (0～50 的刻度线)；

实际值应分别为：_____，_____，_____，_____，_____，_____。

9. 图 2-12 为某仪表表盘的一部分，说明表面上各个标记符号代表什么意思。

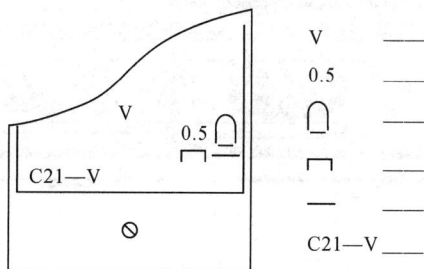

图 2-12　仪表表盘

第三章

常用实验仪器简介

第一节 / 直流稳压电源

直流稳压电源是电工实验中常用的仪器之一，其种类很多，但它们的结构原理和使用方法大体相同。本章以 GPE-3323C 三路直流稳压电源为例，说明稳压电源的主要特性及使用方法。

1. 主要特性

（1）有主路、从路两路连续可调的输出电压、电流，每路电压范围为 0～33 V，电流范围为 0～3 A，另外还有一路固定为 5 V、5 A 的输出。

（2）输出短路或过载时具有自动保护功能。

2. 使用方法

GPE-3323C 三路直流稳压电源的面板布局如图 3-1 所示，其主要使用方法如下：

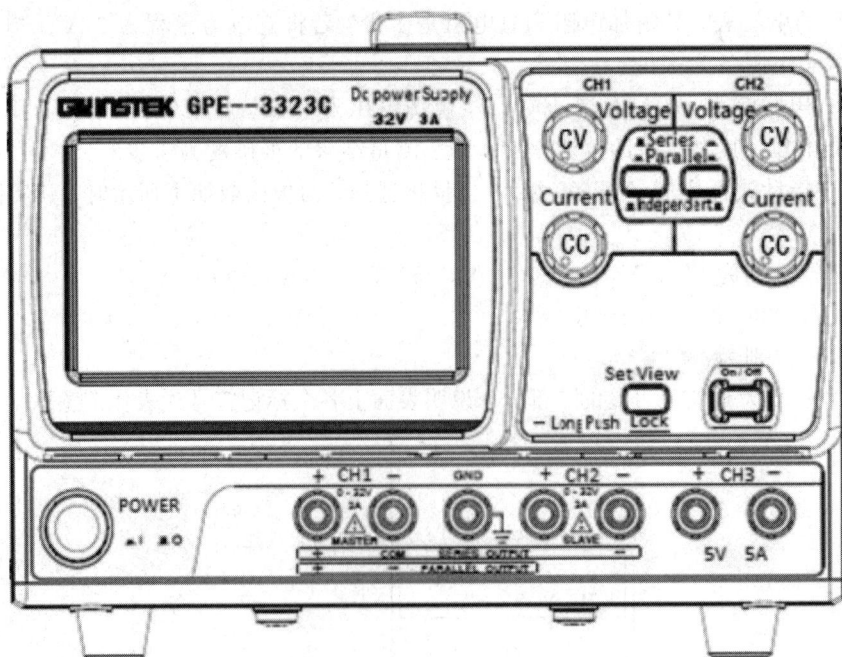

图 3-1　直流稳压电源

（1）打开电源开关"POWER"，接通电源，显示屏发亮，表示交流电源接通。

（2）顺时针调节"CH1"或"CH2"输出电压"CV"旋钮，输出电压由小变大，逆时针调节，则由大变小。

（3）电压由其相对应的"＋""－"(CH1 或 CH2)两端输出，可连接负载。

（4）按下输出键(On/Off 键)，按键灯点亮，显示屏上显示 On。显示屏可同时显示三路电源输出情况。

"CV"旋钮中间的按键是两路可调电源 CH1 和 CH2 串、并联时的选择按键，一般不用时均处于弹出的状态。输出键左边的"LOCK"按键为锁定键。

3. 使用时应注意的问题

（1）外电路不能过载短路。

（2）输出电压以测量值为准。

（3）打开电源之前，要注意电源的初始状态，即作为电压源时，"CV"逆时针旋转到最小，"CC"顺时针旋转到最大。

第二节 // 函数信号发生器

函数信号发生器是一种能产生各种波形且幅度可调、频率可调的信号源，是生产和实验测试中使用最为广泛的电子仪器之一。本节主要介绍 AFG－2012 任意波形信号发生器的主要特性及使用方法。

1. 主要特性

（1）可输出波形为正弦波、三角波、方波、TTL 波、合成任意波和直流电平的信号。

（2）可输出 2 Hz～25 MHz 的信号。

（3）输出电压为 $20U_{pp}$，输出阻抗为 50 Ω。

2. 使用方法

AFG－2012 任意波形信号发生器的面板布局如图 3－2 所示，主要使用方法如下：

（1）打开电源开关，接通电源。

（2）选择所需要的信号波形，如正弦波或方波。

（3）根据所需信号的频率调节频率。

（4）调节信号的电压(幅度调节)。

（5）设置输出阻抗(高阻或 50 Ω)。

（6）选择电压输出端插孔输出信号。

（7）开启输出。

液晶显示器(LCD)分为四个区，如图 3－3 所示。

如需要一个 200 Hz，幅度为 3 U_{pp} 的正弦波信号，则操作如下：

（1）打开电源开关，接通电源。

（2）重复按"FUNC"键，选择波形(正弦波、方波、三角波)，显示屏上出现相应波形。

（3）按"FREQ"键，频率显示区域 FREQ 图标闪烁，输入数字 200 并按"Hz"单位按键。

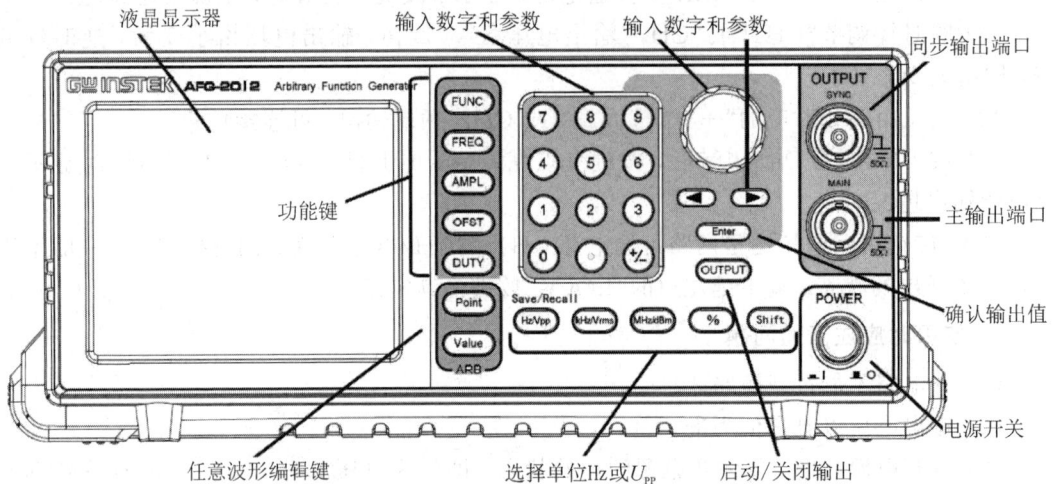

图 3-2　AFG-2012 任意波形信号发生器

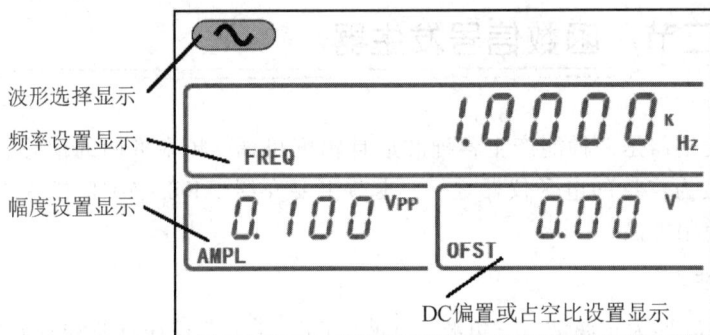

图 3-3　LCD 显示窗口

（4）按"AMPL"键，幅度显示区 AMPL 图标闪烁，输入数字 3.0 并按"V_{pp}"单位按键，若按单位键"V_{rms}"，则幅度变为有效值。

（5）设置阻抗为 H1：按"Shift"＋"OUTPUT"切换输出阻抗，所选阻抗高阻 H1 或 50 Ω 闪烁显示。

（6）按"OUTPUT"键开启信号输出，输出信号端口为主输出端口"MAIN"。

第三节　示　波　器

示波器是一种用途极广的电子测量仪器，不仅可以观察电信号的动态变化过程，还可以测量各种电信号的瞬时值、幅值、周期、频率、相位等参数。通过各种转换器将非电量转换成电量后，也可用示波器进行显示和测量，因而示波器有着广泛的应用领域。示波器的种类很多，种类不同，开关按键的数目以及在面板上的位置和名称也会有所不同，但使用方法大体相同。本节以 GOS-620 双踪示波器为例，说明示波器主要功能的使用方法。GOS-620 双踪示波器的面板简图如图 3-4 所示。

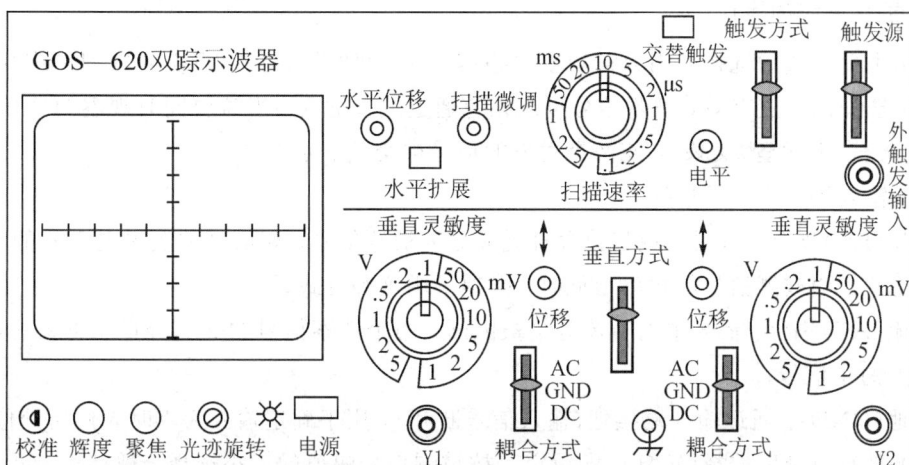

图 3-4 GOS-620 双踪示波器面板简图

一、使用方法

1. 电源检查

GOS-620 双踪示波器电源电压为 220V±10%。接通电源前,检查电源电压是否符合。

2. 面板一般功能检查

(1) 将有关控制件按表 3-1 进行调节;

(2) 接通电源,电源指示灯亮,稍预热后,屏幕上出现扫描光迹,分别调节辉度(即亮度)、聚焦、辅助聚焦、光迹旋转、垂直、水平移位等控制件,使光迹清晰并与水平刻度平行;

(3) 用 10∶1 探极将校正信号输入 CH1 输入插座;

(4) 调节示波器有关控制件,使荧光屏上显示稳定且易观察方波波形;

(5) 将探极换至 CH2 输入插座,垂直方式置于"CH2",内触发源置于"CH2",重复(4)操作。

表 3-1 GOS-620 示波器的控制件调节要求

控制件名称	作用位置	控制件名称	作用位置
辉度	居中	触发方式	峰值自动
聚焦	居中	扫描速率	0.5 ms/div
位移	居中	极性	正
垂直方式	CH1	触发源	内
灵敏度选择	10 mV/div	内触发源	CH1
微调	校正位置	输入耦合	AC

3. 垂直系统的操作

(1) 垂直方式的选择。当只需观察一路信号时，将"垂直方式"开关置"CH1"或"CH2"，此时，被选中的通道有效，被测信号可从相应通道端口输入。当需要同时观察两路信号时，将"垂直方式"开关置"交替"，使两个通道的信号被交替显示。

(2) 输入耦合方式的选择。

直流(DC)耦合：适用于观察包含直流成分的被测信号，如信号的逻辑电平和静态信号的直流电平。当被测信号的频率很低时，必须采用这种方式。

交流(AC)耦合：信号中的直流分量被隔断，用于观察信号的交流分量，如观察较高直流电平上的小信号。

接地(GND)：通道输入端接地(输入信号断开)，用于确定输入为零时光迹所处位置。

(3) 垂直灵敏度选择(V/div)的设定。按被测信号幅值的大小选择合适挡级。灵敏度选择开关外旋钮为粗调，中心旋钮为细调(微调)。微调旋钮按顺时针方向旋足至校正位置时，可根据粗调旋钮的示值(V/div)和波形在垂直轴方向上的格数读出被测信号幅值。

4. 触发源的选择

当触发源开关置于"电源"触发，机内 50 Hz 信号输入到触发电路；当触发源开关置于"外触发"时，由面板上外触发输入插座输入触发信号。"CH1"触发：触发源取自通道 1；"CH2"触发：触发源取自通道 2。

5. 触发方式选择

分自动、标准、电视垂直、电视水平四种触发方式，初始位自动触发方式，有信号后可切换成标准触发方式。

6. 水平系统的操作

(1) 扫描速率选择(t/div)的设定。按被测信号频率高低选择合适挡级，"扫描速率"开关外旋钮为粗调，左边旋钮为细调(微调)。微调旋钮按顺时针方向旋足至校正位置时，可根据粗调旋钮的示值(t/div)和波形在水平轴方向上的格数读出被测信号的时间参数。当需要观察波形某一个细节时，可进行水平扩展×10，此时原波形在水平轴方向上被扩展10 倍。

(2) "电平"的位置。用于调节被测信号在某一合适的电平上启动扫描。

二、测量电参数

1. 电压测量

示波器的电压测量实际上是对所显示波形的幅度进行测量。测量时，应使被测波形稳定地显示在荧光屏中央，幅度一般不宜超过 6 格，以避免荧光屏边缘非线性失真造成的测量误差。

(1) 交流电压幅度的测量。

① 将信号输入 CH1 或 CH2 插座，将垂直方式置于被选用的通道。

② 将 Y 轴"灵敏度微调"旋钮置校准位置，调整示波器有关控制件，使荧光屏上显示稳定、易观察的波形，则交流电压幅值（即峰峰值）为

$$U_{pp} = 垂直方向格数（div） \times 垂直灵敏度（V/div） \times 探极衰减（1 或 10）$$

（2）直流电平的测量。

① 设置面板控制件，使屏幕显示扫描基线。

② 设置被选用通道的输入耦合方式为"GND"。

③ 调节垂直移位，将扫描基线调至合适位置，作为零电平基准线。

④ 将"灵敏度微调"旋钮置校准位置，输入耦合方式置"DC"，被测电平由相应 Y 输入端输入，这时扫描基线将偏移，读出扫描基线在垂直方向偏移的格数（div），则被测电平

$$U = 垂直方向偏移格数（div） \times 垂直灵敏度（V/div） \times 偏转方向（+ 或 -） \qquad (3-1)$$

式中，基线向上偏移取正号，基线向下偏移取负号。

2. 时间测量

时间测量是指对脉冲波形的宽度、周期、边沿时间及两个信号波形间的时间间隔（相位差）等参数的测量。一般要求被测部分在荧光屏 X 轴方向应占 4～6 div。

（1）时间间隔测量。

对一个波形中两点间的时间间隔进行测量时，先将"扫描微调"旋钮置校准位置，调整示波器有关控制件，使荧光屏上波形在 X 轴方向大小适中，读出波形中需测量两点间水平方向格数，则

$$时间间隔 = 两点之间水平方向格数（div） \times 扫描速率（t/div） \qquad (3-2)$$

（2）脉冲边沿时间测量。

上升（或下降）时间的测量方法和时间间隔的测量方法一样，只是测量被测波形满幅度的 10% 和 90% 两点之间的水平方向距离，如图 3-5 所示。

用示波器观察脉冲波形的上升边沿、下降边沿时，必须合理选择示波器的触发极性（用触发极性开关控制）。显示波形的上升边沿用"+"极性触发，显示波形下降边沿用"-"极性触发，若波形的上升沿或下降沿较快则可将水平扩展×10，使波形在水平方向上扩展 10 倍，则

$$上升（或下降）时间 = \frac{水平方向格数（div） \times 扫描速率（t/div）}{水平扩展倍数} \qquad (3-3)$$

（3）相位差测量。

① 将参考信号和一个待比较信号分别输入"CH1"和"CH2"输入插座。

② 根据信号频率，将垂直方式置于"交替"或"断续"。

③ 设置内触发源至参考信号那个通道。

④ 将两个通道的输入耦合方式置"GND"，调节"CH1"和"CH2"移位旋钮，使两条扫描基线重合。

⑤ 将"CH1"和"CH2"耦合方式开关置"AC"，调整有关控制件，使荧光屏显示大小适中便于观察两路信号，如图 3-6 所示；读出两波形水平方向差距格数 D 及信号周期所占格数 T，则相位差：

$$\theta = \frac{D}{T} \times 360°$$

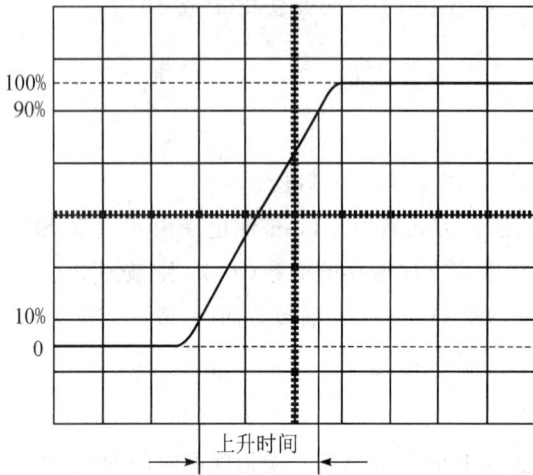

图 3-5 上升时间测量

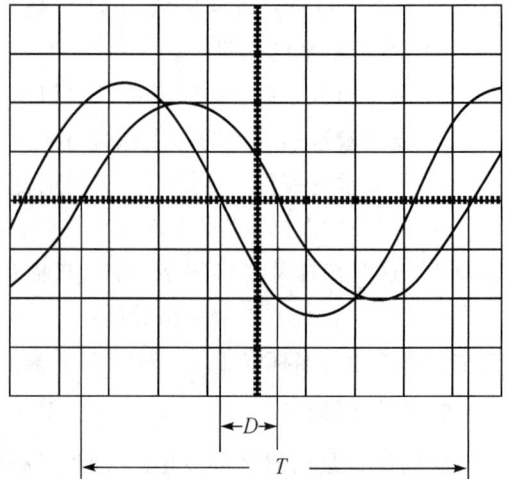

图 3-6 相位差测量

第四节 直流单臂电桥

电桥法测量是一种很重要的测量，由于电桥法线路原理简明、仪器结构简单、操作方便、测量的灵敏度和精确度较高等优点，在电磁测量中得到广泛应用，也广泛应用于非电量测量。电桥可以测量电阻、电容、电感、频率、压力、温度等物理量。

电桥分为直流电桥和交流电桥两大类。直流电桥又分为单臂电桥和双臂电桥，单臂电桥又称为惠斯通电桥，主要用于精确测量中值电阻。双臂电桥又称为开尔文电桥，主要用于精确测量低值电阻。本节主要介绍直流单臂电桥的基本原理及使用方法。

一、单臂电桥的电路原理

单臂电桥的电路原理如图 3-7 所示。四个电阻 R_1，R_2，R_X 和 R_S 连成一个四边形，每一条边称作电桥的臂，其中，R_1，R_2 组成比例臂，R_X 为待测臂，R_S 为比较臂，四边形中的一条对角线 AC 中接电源 E，另一条对角线 BD 中接检流计 G。所谓"桥"就是指接有检流计的 BD 这条对角线。检流计用来判断 B、D 两点电位是否相等，或者说，判断"桥"上有无电流通过。

电桥没有调平衡时，"桥"上有电流通过检流计，当适当调节各臂电阻，可使"桥"上无电流，即 B、D 两点电位相等，电桥达到了平衡。此时的等效电路如图 3-8 所示。

根据图 3-8 容易证明：

$$\frac{R_1}{R_2} = \frac{R_X}{R_S} \Rightarrow R_X = \frac{R_1}{R_2} \times R_S \qquad (3-4)$$

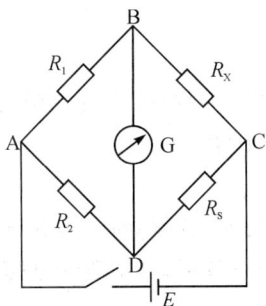

图 3-7 单臂电桥电路原理

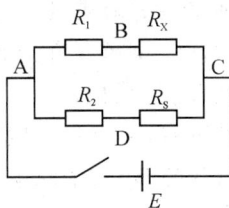

图 3-8 电桥平衡后等效电路

式(3-4)即电桥的平衡条件。如果已知 R_1，R_2，R_S，则待测电阻 R_X 可求得。电桥平衡条件也可写成

$$R_1 \times R_S = R_2 \times R_X \qquad (3-5)$$

即对边乘积相等，此式更容易记忆。设 $K = R_1/R_2$，则有

$$R_X = K \times R_S \qquad (3-6)$$

式中：K 为比例系数或比例臂的倍率。在电桥测电阻中，只需调 K 值（倍率）而无需分别调 R_1，R_2 的值。由电桥的平衡条件可以看出，除被测电阻 R_X 外，其他几个量也都是电阻器。因此，电桥法测电阻的特点是通过被测电阻与已知电阻（标准电阻）的比较而获得被测值的，而测量的精度则取决于标准电阻。一般来说，标准电阻的精度可以很高。

二、电桥比例臂和比较臂的选择原则

由电桥的平衡条件可知，被测电阻的测量精度依赖于比例臂和比较臂。比例 R_1/R_2 一般取值为 10^n（0.001，0.01，0.1，1，10，100，1000），一旦比例确定，被测电阻的有效位则取决于比较臂的有效位，因此比较臂的位数在现有有限位取最大。比如比较臂是四位可调电阻箱，则比较臂也应取四位数。若被测电阻为几十欧姆，这时比例臂应选择 0.01，这样电桥平衡后，可调电阻可读至 4 位，若在四个可调电阻箱上读出 5235 Ω，则

$$R_X = K \times R_S = 0.01 \times 5235 \ \Omega = 52.35 \ \Omega \qquad (3-7)$$

如果比例臂选择不当，如选择 1，这样电桥平衡后，可调电阻只能读成 0052 Ω，则

$$R_X = K \times R_S = 1 \times 0052 \ \Omega = 52 \ \Omega \qquad (3-8)$$

显然，后者测量结果准确度不高。为了提高测量结果的准确度，比例臂的倍率选择应当使四个比较臂的可调电阻都充分利用起来。

三、电桥的灵敏度及影响因素

电桥测量电阻，仅在电桥平衡时才成立，而电桥的平衡是依据检流计的偏转来判断的。由于判断时受眼睛分辨能力的限制而存在差异，会给测量结果带来误差，影响测量的准确性。这个影响的大小取决于电桥的灵敏度。

因此，实验中要使电桥具有较高的灵敏度，以保证电桥平衡的可靠性，从而保证测量的准确性。通常采用增大系统的电流（或电压），以改善或增大电桥的灵敏度，保证实验结果的准确性。

四、单臂电桥的使用方法

直流单臂电桥结构的形式很多,这里以常见的 QJ23 型单臂直流电桥为例,说明其使用方法。图 3-9 为 QJ23 型单臂直流电桥的面板图。图中有:

(1) 待测电阻 R_X 接线柱;

(2) 检流计按钮 G:按下时,检流计接通电路,松开(弹起)时,检流计断开电路;

(3) 电源按钮开关 B:按下时电桥接通电路,松开(弹起)时,断开电路;

(4) 检流计;

(5) 检流计调零器旋钮;

(6) 检流计灵敏度旋钮;

(7) 内外接检流计钮子开关;

(8) 外接检流计接线柱(G 外接);

(9) 比例臂(量程倍率);

(10) 四个比较臂(测量盘读数);

(11) 电源电压选择旋钮。

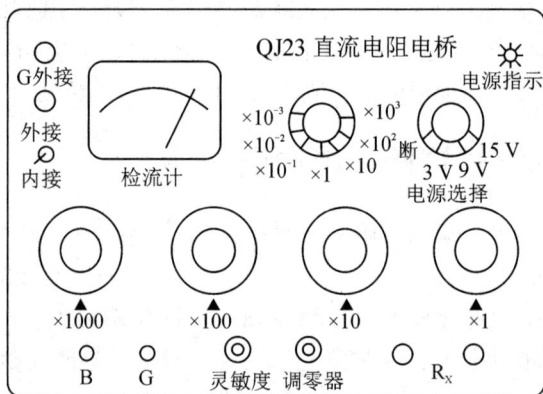

图 3-9　QJ23 型单臂电桥面板

QJ23 型单臂直流电桥的使用方法如下:

(1) 在仪器的后面,接通 220 V 市电并开启电源,指示灯亮。

(2) 检流计开关置于"内接",调节"调零器"旋钮,让检流计指针指到"0"(G 可不按)。

(3) 估计被测电阻值,并根据标牌提示(见表 3-2)将"量程倍率"旋钮调到适当位置,使电桥比较臂的四个读数盘都利用起来,以得到 4 位有效数值,保证测量精度。同时"电压选择"旋钮也应调到适当位置,"灵敏度"旋钮可旋至最小(接近平衡时,可将灵敏度调至最大,其测量结果的准确性更高)。

(4) 将被测电阻接在 R_X 接线柱两端。

(5) 先按下"B"按钮,然后轻按"G"按钮,若指针不在平衡位置,应调节测量读数盘使检流计平衡(指 0)。平衡的标准是:检流计指针指示为零,不论怎样旋转旋钮,检流计指针都应指示为零或指在零位附近偏转幅度很小(1 格以下)处,即使松开"G"指针也在"0"位。调节中若指针向"+"偏转,则应调大读数盘直至出现"—",然后将它退回到最后一个出现

"+"的位置再调低一位数的读数盘；重复以上操作，直到检流计平衡。

（6）读数：

$$R_\mathrm{x} = 量程倍率 \times 测量读数盘示值之和 \tag{3-9}$$

表 3-2　QJ23 型直流单臂电桥的标牌说明

倍　率	测量范围/Ω	准确度等级	电源电压/V
×0.001	1～11.11	0.5	
×0.01	10～111.1		3
×0.1	100～1111	0.1	
×1	1000～11.11 k		
×10	10 k～111.1 k		9
×100	100 k～1111 k	0.2	15
×1000	1 M～11.11 M	0.5	

五、使用中要注意的几个方面

（1）测量前，应先估计或使用万用表粗测一下被测电阻值，以此作为选择量程倍率的依据，否则检流计在调试中可能因猛烈撞击而损坏。

（2）测量时，不要同时按下按钮"G"和"B"，必须是先按"B"，后按"G"。断开时，应先放开"G"，后放开"B"，以防被测对象含有电感（如电机、变压器等）产生感应电势损坏检流计。

（3）正确选择比较臂，使最大读数盘（×1000）不能为 0，以保证测量的准确性。

（4）为减少引线电阻带来的误差，被测电阻与测量端的连接导线要短且粗，另外，还应注意各端钮是否拧紧，以避免接触不良引起电桥不稳定。

（5）当电池电压不足时应立即更换，采用外接电源时，应注意极性与电压额定值。

（6）被测物不能带电。对含有电容的元件应先放电 1 s 后再测量。

第五节 // 单相、三相自耦调压器

交流电源的电压通常有 220 V 和 380 V 两种，这是电网提供的固定电压，为了得到电压幅度大小可调、性质（频率、波形）不变的交流电，需要用到单相或三相自耦调压器。

一、单相自耦调压器

单相自耦调压器是一种原边、副边绕组合一的特殊变压器，其接线板上一般有 4 个接线柱，如图 3-10 所示。图 3-10（a）为调压器的接线面板，图 3-10（b）为调压器的电路符号，A、X 为输入端，a、x 为输出端。

使用单相调压器时，应注意以下几点：

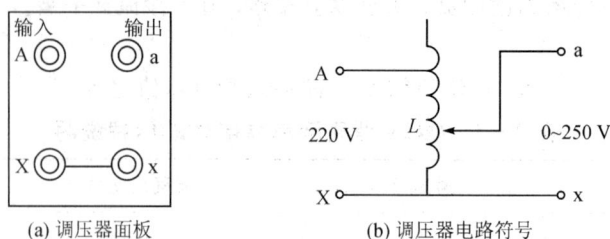

(a) 调压器面板   (b) 调压器电路符号

图 3-10 单相自耦调压器

（1）输入端与输出端不能接反，即输入端 A、X 接电源，输出端 a、x 接负载，一旦接反，将会烧坏调压器。

（2）输入与输出的公共端即 X 端，一定要接电源的地线，使输出端在零伏时是零电位，以保障人身安全。

（3）使用前，调节手柄一定要先旋转到零伏的位置上；通电后，缓慢调节手柄，使输出电压逐渐上升至所需电压值；使用完毕后，应将手柄调回零位。

（4）调压器上的刻度指示仅作参考，输出电压应以电压表测量输出端为准。

二、三相自耦调压器

三相自耦调压器是由三个单相自耦调压器叠加后，通过一个同轴手柄控制构成的，其工作原理、使用注意事项与单相自耦调压器相同。若输入的是 380 V 的三相交流电压，调压器上的刻度值是三相交流电的线电压值，仅作参考，实际调节电压应以测量为准。图 3-11(a)和图 3-11(b)分别为三相自耦调压器的面板图及电路符号。

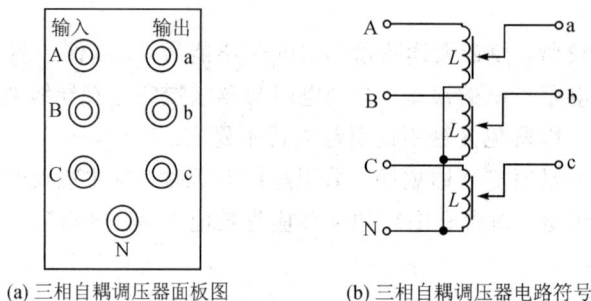

(a) 三相自耦调压器面板图   (b) 三相自耦调压器电路符号

图 3-11 三相自耦调压器

第六节 万 用 表

一、指针式万用表

各种指针式万用表都是由测量机构(表头)、测量线路、转换开关三大部分组成。

1. 表头

万用表的表头通常采用高灵敏度的磁电系表头，其满偏电流为几十微安。满偏电流愈小，表头的灵敏度愈高，测量电压时的内阻就愈大。表头本身的准确度一般在0.5级以上，构成的万用表准确度，直流一般为2.5级，交流为5.0级。表头的刻度盘上备有对应于不同测量对象的多条标度尺，有的装有反光镜，以减小读数的视觉误差。

2. 测量线路

测量线路是万用表用来实现多种电量、多种量程测量的主要环节。它实际上是由多量程直流电流表、多量程直流电压表、多量程整流系交流电压表以及多量程欧姆表等几种线路组合而成。构成测量线路的主要元件是电阻元件，包括电位器等。此外，为了使磁电系测量机构能够测量交流电压，在其测量线路中还设有整流元件。这些整流元件组成了不同的测量线路，可以把各种不同的被测电量转换成磁电系表头所能接受的微小直流电流，从而达到一表多用的目的。

3. 转换开关

转换开关由许多固定触头和可动触头组成。可动触头叫"刀"，固定触头叫"掷"。旋转转动开关时，其可动触头（即刀）跟着转动，在不同的挡位上和相应的固定触头（即掷）相接触，从而使对应的测量线路接通。

4. 万用表的正确使用

万用表的结构形式多种多样，面板上的旋钮开关布局也各有差异，图3-12所示的为最常见的MF500型万用表面板。在使用万用表前，必须仔细了解和熟悉各部件的作用，同时，还要注意分清表盘上各条标度尺所对应的量。为了正确使用万用表，一般应遵守三大原则，即转换功能的开关不能错，表笔的插孔不能错，测量时的连接方式不能错。

图3-12　MF500型万用表面板

（1）转换功能的开关不能错。

根据被测对象，将转换开关旋转到所需要的挡位区及合适的量程。例如，测量交流电压220V时，应将右边转换开关中标有"V"旋钮旋到右边箭头正下方，左边转换开关交流V区标有"250V"旋钮旋到左边箭头下方，误选"$\underset{\sim}{V}$"则会带来严重后果。

（2）表笔的插孔不能错。

在测量前，应检查万用表的测试笔是否插对了位置，一般红色表笔应插在标有"+"的插孔内，黑色表笔应插在标有"＊"插孔内，如果万用表不止两个插孔的话，如MF500型和数字式万用表一般有四个插孔，这时，红色表笔就应根据被测对象，仔细选择合适的插孔，否则同样会损坏仪表。

（3）测量时的连接方式不能错。

连接方式是指万用表在测量时与被测电路的连接方式。在测量电压时，应将万用表并联在被测线路或电气元件的两端；测量电流时，应将万用表串联在被测线路中；在测量直流电路时，连接时的极性也不能错，即红色表笔接在被测部分的正极或高电位，黑色表笔应接在被测部分的负极或低电位。

测量电阻时,应该注意以下几点:

(1)应选择合适的倍率挡,即应尽量使指针偏转在中心区域。

(2)测量前,一定要进行欧姆调零(表笔短接,调节欧姆调零旋钮),并且每换一次挡都要重新进行调零。

(3)电阻测量结果等于欧姆刻度线上指示的数值×倍率。

(4)不允许电阻带电时测量电阻。

(5)不允许用欧姆挡直接测量微安表的表头检流计等。

(6)测量时,手不能触及带电的金属部分。

此外,万用表使用时还应注意,首先,不能带电更换量程,表头的刻度盘上备有对应于不同测量对象的多条标度尺;其次,读取数据时不能看错,测量完毕后,应将转换开关旋置空挡或是最大电压挡。

5. 万用表的读数要点

(1)认准刻度线。根据被测量及量程选择,认清应该读的刻度线。

(2)正确换算。当量程选择是多少时,则代表此时指针满偏实际测量值就是多少。面板上的刻度数也叫面板读数,与量程的比例进行换算后可得出实际测量值。

$$实际测量值 = \frac{量程}{满偏格数} \times 面板刻度数 \qquad (3-10)$$

当指针在某一刻度位置时,不同的量程选择,代表的实际值是不同的。

MF500 型万用表的面板刻度线分布见图 3-13,从上到下:

第 1 排刻度线为不均匀的欧姆刻度线,测量电阻时应读此线。

第 2 排刻度线是最常用的刻度线,直流电压、直流电流的所有量程均读此刻度线,还有交流 10 V 以上的交流电压量程也读此刻度线。为了读数和计算方便,此刻度线有两组刻度数(0~50,0~250)。

第 3 排刻度线是交流 10 V 的专用刻度线,只有在交流电压且小于 10 V 时,才读此刻度线。

第 4 排是测量电平时所用的刻度线。

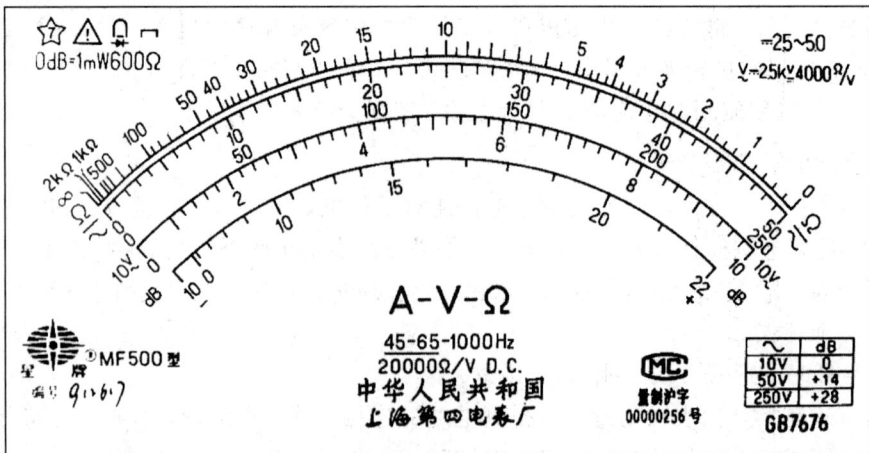

图 3-13　MF500 型万用表的面板

例如：如果万用表指针如图 3 - 14 所示，当量程选择为 2.5 V 时，面板刻度数（即面板读数）应读第二排刻度线的 18 或 90，实际电压值为 0.9 V。

当量程选择为 10 V 时，面板读数应读第二排刻度线 18 或 90，实际电压值 3.6 V。

当量程选择为 10 V~ 时，面板读数应读第三排刻度线 3.9，实际电压值 3.9 V。

当量程选择为 ×10 Ω 时，面板读数应读 18（第 1 排的 18），实际欧姆值为 180 Ω。

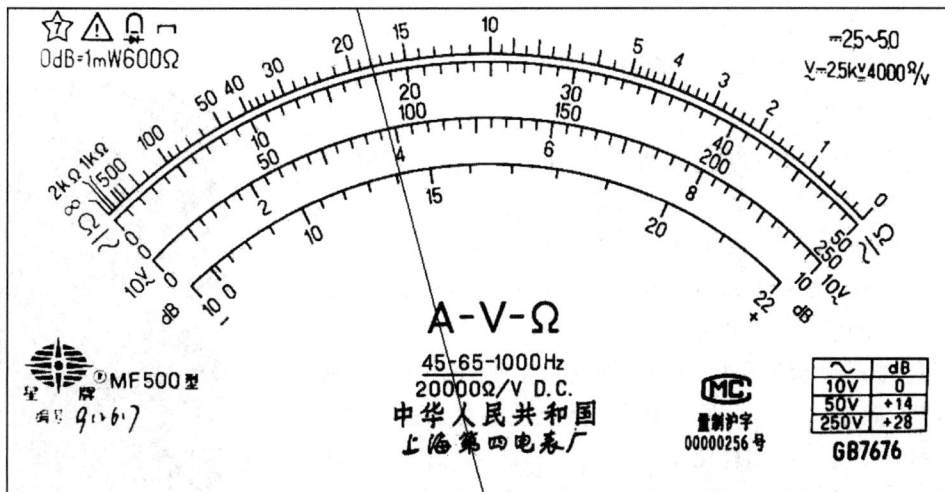

图 3 - 14　MF500 型万用表测量时的面板

关于 MF500 型万用表的使用可从网上查找相关视频，课后多看多练。

二、数字式万用表

数字式万用表是一种多功能的数字显示仪表，可用来测量直流电压及电流、交流电压及电流和电阻等，是一种多用途的电子仪器，其结果直接由数字显示。数字万用表的显示用 $3\frac{1}{2}$ 位、$4\frac{1}{2}$ 位等表示，其中 $\frac{1}{2}$ 位指的是首位只能显示"0"或"1"数码，而其余各位都能显示 0~9 的十进制数码。本节主要介绍 UT51 型数字万用表的特性及使用方法。

1. 主要特性

（1）显示 $3\frac{1}{2}$ 位，最大显示值为 1999。

（2）具有自动调零及显示正负功能。

（3）具有超量程显示功能，当输入量超过所选用的量程时，显示"1."。

（4）具有全量程过载保护功能。

（5）具有低压显示功能。

（6）电源为 9 V 层叠电池供电。

2. 测量范围

（1）直流电压共分 5 挡：200 mV/2 V/20 V/200 V/1000 V，精度 ±（0.5％＋1），输入

阻抗为 10 MΩ。

（2）交流电压共分 5 挡：200 mV/2 V/20 V/200 V/750 V，精度±（0.8％＋3），输入阻抗为 10 MΩ。

（3）直流电流共分 7 挡：20 μA/200 μA/2 mA/20 mA/200 mA/2 A/10 A，精度±（0.8％＋1）。

（4）交流电流共分 6 挡：200 μA/2 mA/20 mA/200 mA/2 A/10 A，精度±（1％＋3）。

（5）电阻共分 7 挡：200 Ω/2 KΩ/20 KΩ/200 KΩ/2 MΩ/20 MΩ/200 MΩ，精度±（0.8％＋1）。

（6）具有二极管测试、三极管测试及通断蜂鸣测量挡位。

3. 使用方法

UT51 型数字万用表的面板布置图如图 3 - 15 所示，其正确使用方法如下：

（1）转换功能的开关不能错。打开电源开关，测量前将转换开关置于被测量所对应的挡位，并选择好所需要的量程。

（2）表笔的插孔不能错。

黑色测试笔始终插在"COM"插孔，红色测试笔则根据被测量性质的不同，选择不同的插孔。当红色测试笔插入"V Ω"孔时，用于测量电压和电阻等；当红色测试笔插入"A"孔中时，用于测量电流，且最大值为 2 A；当红色测试笔插入"10A"孔时，用于测量的电流最大值为 10 A。

（3）测量时的连接方式不能错。

在测量电压时，应将万用表并联在被测线路或电气元件的两端。测量电流时，应将万用表串联在被测线路中。

图 3 - 15　UT51 型数字
万用表面板

测量电阻与指针式万用表基本相同，只是数字式万用表的欧姆挡是量程而不是倍率，且不需要调零，只有在电阻小于 20 Ω 时，需要检查表笔的接触电阻（两表笔短接时的电阻）。

此外，应注意在测量过程中，如果屏上显示"1.　"时，表示被测量已超出所选用的量程，此时应加大量程，但是加大量程不应带电更换量程。测量完毕后，应将转换开关旋置最大电压挡并关闭电源开关。

第七节　功 率 表

功率表实际上是由电动系的电压表改装而成，由三部分构成：一个是固定线圈（简称定圈），定圈做成两个相同的部分；一个是可动线圈（简称动圈）；一个是附加电阻 R_d。由于是电动系结构，所以，功率表既可测量直流功率也可测量交流功率。图 3 - 16 为功率表的结构示意图，虚框内水平方向的粗实线表示定圈，垂直方向的细实线表示动圈，定圈由于与被测负载串联，即与负载通过的是同一电流，所以又叫电流线圈，动圈与附加电阻 R_d 串联组成动圈支路后与被测负载并联，即与负载承受的是同一电压，所以又叫电压线圈。功率表电路符号如图 3 - 17 所示。在两个线圈上各有一端标有"＊"，称为发电机端（或称为同名端），表示电流应从"＊"号端同时流入或同时流出线圈。

使用功率表测量电功率时，应注意以下几个问题。

1. 正确选择功率表的量程

选择功率表的量程就是要正确选择功率表中的电压量程和电流量程，即必须使电压量程能够承受负载电压，而电流量程则能允许通过负载电流，这样功率表的功率量程自然就满足了。例如，两个功率表，量程分别为 5 A、300 V 和 10 A、150 V，其功率量程可计算出：$P=5\times300=1500$ W 和 $P=10\times150=1500$ W。如果要测量一负载电压为 220 V，电流为 4.5 A 的负载功率时，就应选用为 5 A、300 V 的功率表，而选用 10 A、150 V 的功率表时，就会因负载电压 220 V 超过功率表所能承受的电压 150 V 而烧坏仪表。

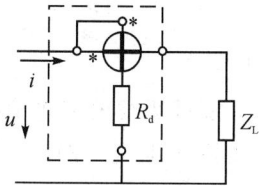

图 3-16　功率表结构示意图　　图 3-17　功率表电路符号示意图

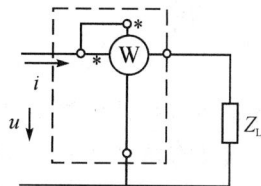

由于功率表直接反映的是功率，所以在功率测量电路中，常常接入电流表、电压表起监测作用，以免发生过载而损坏功率表。

要想选择不同的电流量程，只需改变电流线圈的连接方式，即改变连接片的串并联方式就可以扩大电流量程，而电压量程则是在表内通过串联不同的附加电阻 R_d 来实现的，接线时，只需选择不同的接线柱即可。

2. 功率表的正确接线

（1）电流线圈应与负载串联。

（2）电压线圈应与负载并联。

（3）"＊"号端的接入要遵守"发电机守则"。

为了防止功率表指针反偏，"发电机守则"规定：接线时，要使电流线圈和电压线圈的"＊"号端接在电源的同一极上，以保证电流均从"＊"号端流入或流出（即流向一致的原则），且电流线圈与电压线圈的电位均处在电源的同一极上（即同一极原则）。这两点缺一不可，违反任何一点接线都是错误的。同时应注意电压线圈支路中的 R_d 在电路图中一般是不画出来的，但在表内结构上一定是在电压线圈的非"＊"端。为了减少功耗，功率表有两种接线形式，图 3-18 是电压线圈前接，适用于 $Z_L \gg Z_i$（Z_i 定圈阻抗），图 3-19 是电压线圈后接，适用于 $Z_L \ll Z_V$（Z_V 动圈阻抗）。

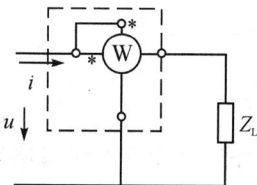

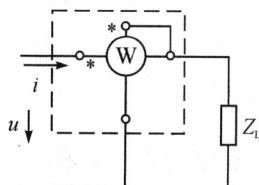

图 3-18　电压线圈前接　　图 3-19　电压线圈后接

图 3-20(a)、(b)、(c)接法都是错误的：图(a)、图(b)均违反了"流向一致"的原则，使得功率表的指针反偏；对于图(c)，从电流的流向看，指针不会反偏，但不符合"同一极"的原则，由于 $R_d \gg Z_V$，电源电压几乎全部降在 R_d 上，若以 0 点为参考点，则定圈与动圈之间的电位差近似等于电源电压，这将形成很强的静电场而引起误差，甚至存在绝缘击穿的危险，这是不允许的。

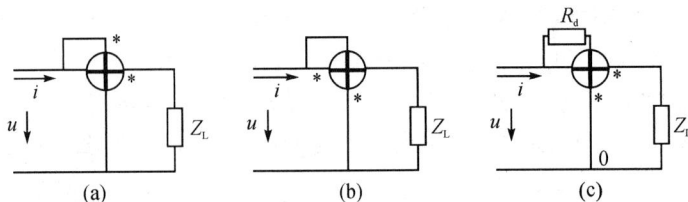

图 3-20 功率表的几种错误接线

如果接线是正确的而指针仍然反偏（如三相负载），那就需要改变电流线圈支路两个端子的接线。有些仪表装有换向开关，原理是改变电压线圈的电流方向，而不改变电压线圈和附加电阻的位置，这时，读数应取负号。

图 3-21 是常见的功率表 D26-W 接线图，图 3-21(a)是电流低量程(1 A)时的接线图，图 3-21(b)是电流高量程(2 A)时的接线图。

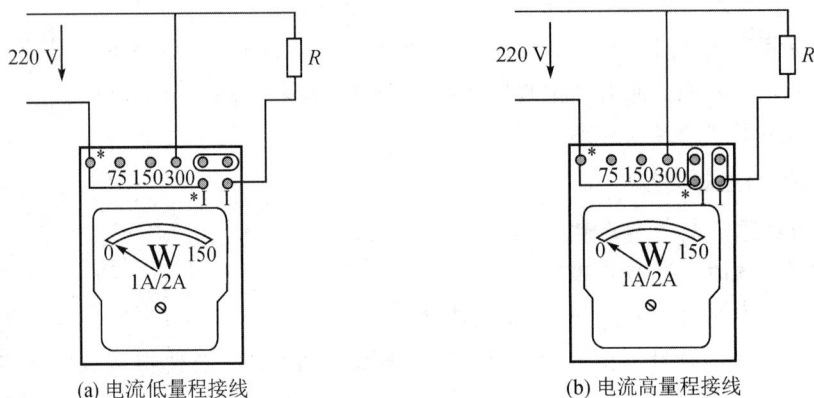

(a) 电流低量程接线 (b) 电流高量程接线

图 3-21 功率表接线图

3. 功率表的读数

功率表的表面标度尺上不标瓦特数，只有分格数，在选用不同的电流量程和电压量程时，每一格代表不同的瓦数。读数时，应先计算每一格瓦特数，即分格常数（又称功率表常数），通常用 C 表示，然后再乘上指针偏转的格数，就可得到所测功率的瓦特数。

功率表分格常数可由式(3-11)计算，单位(W/格)。

$$C = \frac{U_n I_n \times \cos \varphi_n}{a_n} \tag{3-11}$$

式中：U_n，I_n 和 a_n 分别为所选用的电压量程、电流量程和功率表的满偏格数，$\cos \varphi_n$ 为功率表的功率因数。一般普通功率表的 $\cos \varphi_n = 1$，所以，对于普通功率表的分格常数，可用式(3-12)计算，而低功率因数的功率表，$\cos \varphi_n$ 常为 0.2 左右，应用式(3-11)计算。一般题中没有说明的都视为普通功率表。

$$C = \frac{U_\mathrm{n} I_\mathrm{n}}{a_\mathrm{n}} \tag{3-12}$$

例　有一感性负载 $\cos \varphi_z = 0.6$，$I_z = 0.75 \text{ A}$，$U_z = 220 \text{ V}$，现有一块功率表，量程为 150 V/300 V，0.5 A/1 A，满偏格数为 150 格，应选择多大的量程进行测量？如果指针偏转为 $N = 49.5$ 格时，负载功率 $P = ?$

解　应选择功率表的电压为 300 V，电流为 1 A 的量程。

$$C = \frac{U_\mathrm{n} I_\mathrm{n}}{a_\mathrm{n}} = \frac{300 \times 1}{150} = 2 \text{ W/ 格} \qquad P = C \times N = 2 \times 49.5 = 99 \text{ W}$$

解题时应注意不要把 $\cos \varphi_z$ 与 $\cos \varphi_\mathrm{n}$ 混淆，造成计算错误。

第八节 // 交流毫伏表

交流毫伏表是一种用来测量正弦交流电压有效值的电子仪表，可对一般放大器和电子设备进行测量。毫伏表的种类很多，本节以 CA2171 交流毫伏表为例，介绍交流毫伏表的主要特性和使用方法。

1. 主要特性

(1) 测量电压范围为 30 μV～100 V，分为 300 μV/1 mV/3 mV/10 mV/30 mV/100 mV/300 mV/1 V/3 V/10 V/30 V 和 100 V 共 12 挡。

(2) 测量电平范围为 -70 dB～$+40$ dB（0 dBV=1 V；0 dBm=0.775 V）。

(3) 测量电压的频率范围为 10 Hz～2 MHz。

(4) 输入阻抗 300 mV 以下为 1 MΩ，300 mV 以上为 8 MΩ。输入电容为 50 pF。

(5) 测量电压误差以 400 Hz 为基准时为 $\pm 5\%$。

2. 使用方法

CA2171 型交流毫伏表的面板布置如图 3-22 所示。使用方法如下：

(1) 使用前检查表头指针是否在机械零点处。

(2) 打开电源前，将量程旋钮调至最大值量程处，当输入信号接入输入端后，再调节旋钮至合适量程位置，使指针尽量在满刻度的 1/3 以上位置。

(3) 测量时，为确保测量结果的准确性，必须把仪表的地线与被测电路的地线连在一起。

(4) 读数规则，交流毫伏表的面板刻度线有两条：一条为 0～1.1，另一条为 0～3.5。需要注意的是，满量程刻度实际上按 0～1.0 和 0～3.0 进行换算，1.0～1.1 以及 3.0～3.5 之间的刻度线是为了保护指针而设置的一段缓冲区。这两条刻度线对应着不同的量程挡，若量程挡的第一个有效数字为 1，

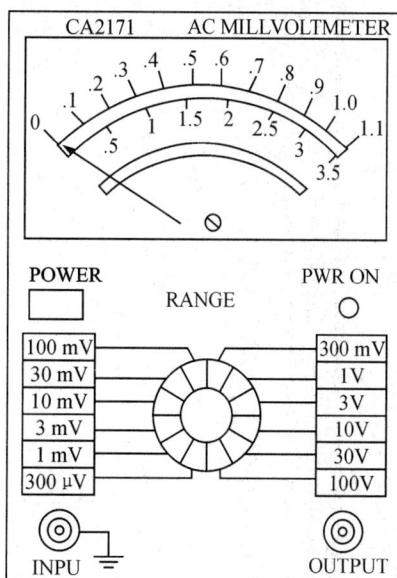

图 3-22　CA2171 交流毫伏表面板

则读取 0～1.1 的刻度线；若量程挡的第一个有效数字为 3，则读取 0～3.5 的刻度线。

另外，要特别注意的是，CA2171 交流毫伏表只能测电位，不能直接测出电压值。所以在使用时，应先测出相应两点的对地电位，再用电位差的方法得到被测电压值。这是交流毫伏表与一般电压测量不一样的地方。

思考题与习题

1. 有一电阻性负载，$P = 1 \text{ kW}$，$U = 220 \text{ V}$，$\cos\varphi = 1$。现用功率表测功率，已知功率表量程为 2.5/5 A，150/300 V，应如何选择电流和电压量程？

2. 有一感性负载，$\cos\varphi = 0.5$，$P = 99 \text{ W}$，$I = 0.9 \text{ A}$，用功率表测功率，其量程为 1/2 A，150/300 V，应如何选择量程？若 $\alpha_n = 150$ 格，并用上面所选取的量程测量，其指针偏转格数为 49 格时，那么负载的功率是多少？

3. 图 3-23 中哪些接线是正确的？若是正确的用在什么情况下？若是错误的，错在哪里？

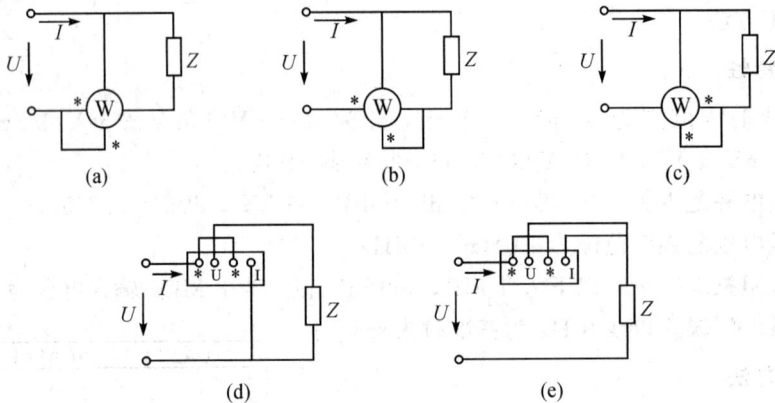

图 3-23 习题 3 图

第四章
组态软件 MCGS 使用介绍

MCGS(Monitor and Control Generated System)是一套基于 Windows 平台的、用于快速构造和生成上位机监控系统的组态软件系统,具有操作简便、可视性好、可维护性强、性能高、可靠性高等特点。

MCGS 为用户提供了解决实际工程问题的完整方案和开发平台,能够完成现场数据采集、实时和历史数据处理、报警和安全机制、流程控制、动画显示、趋势曲线和报表输出以及企业监控网络等功能。

使用 MCGS,用户无须具备计算机编程知识,就可以在短时间内轻而易举地完成一个运行稳定、功能全面、维护量小并且具备专业水准的计算机监控系统的开发工作。

第一节　MCGS 的常用术语和基本操作

一、MCGS 组态软件常用术语

工程:是用户应用系统的简称。引入工程的概念,可使复杂的计算机专业技术更贴近于普通工程用户。在 MCGS 组态环境中生成的文件称为工程文件,后缀为 . mcg,存放于 MCGS 目录的 WORK 子目录中,如"D:\MCGS\WORK\水位控制系统. mcg"。

对象:是操作目标与操作环境的统称。如窗口、构件、数据、图形等皆称为对象。

选中对象:鼠标单击窗口或对象,使其处于可操作状态,称此操作为选中对象,被选中的对象(包括窗口),也称作当前对象。

组态:在 MCGS 组态软件开发平台中对五大部分进行对象的定义、制作和编辑,并设定其状态特征(属性)参数,将此项工作称为组态。

属性:是对象的名称、类型、状态、性能及用法等特征的统称。

菜单:是某种功能命令的集合。如"文件"菜单是用来处理与工程文件有关的执行命令的集合。位于窗口顶端菜单条内的菜单称为顶层菜单,一般分为独立菜单项和下拉菜单两种形式,下拉菜单还可分成多级,每一级称为上一级菜单的子菜单。

构件:是指具备某种特定功能的程序模块,可以用 VB、VC 等程序设计语言编写,通过编译,生成 DLL、OCX 等文件。用户对构件设置一定的属性,并与定义的数据变量相连接,即可在运行中实现相应的功能。

策略:是指对系统运行流程进行有效控制的措施和方法。

启动策略:是指在进入运行环境后首先运行的策略,只运行一次,一般完成系统初始化的处理。该策略由 MCGS 自动生成，具体处理的内容则由用户填充。

循环策略：是指按照用户指定的周期时间，循环执行策略块内的内容，通常用来完成流程控制任务。

退出策略：是指退出运行环境时执行的策略。该策略由 MCGS 自动生成、自动调用，一般由该策略模块完成系统结束运行前的善后处理任务。

用户策略：是指由用户定义的策略，用来完成特定的功能。用户策略一般由按钮、菜单、其他策略来调用执行。

事件策略：是指当对应的事件发生时执行的策略。例如在用户窗口中定义了鼠标单击事件，工程运行时在用户窗口中单击鼠标则执行相应的事件策略，只运行一次。

热键策略：是指当用户按下定义的组合热键(如 Ctrl＋D 键)时执行的策略，只运行一次。

可见度：指对象在窗口内的显现状态，即可见与不可见。

变量类型：MCGS 定义的变量有五种类型：数值型、开关型、字符型、事件型和组对象。

事件对象：用来记录和标识某种事件的产生或状态的改变，如开关量的状态发生变化。

组对象：用来存储具有相同存盘属性的多个变量的集合。通常内部成员可包含多个其他类型的变量，而组对象只是对有关联的某一类数据对象的整体表示方法，实际的操作则均是针对每个成员进行的。

动画刷新周期：动画更新速度，即指颜色变换、物体运动、液面升降的快慢等，以毫秒为单位。

父设备：是指本身没有特定功能，但可以和其他设备一起与计算机进行数据交换的硬件设备，如串口通信父设备。

子设备：是指必须通过一种父设备与计算机进行通信的设备，如浙大中控 JL－26 无纸记录仪、研华 4017 模块等。

模拟设备：是指在对工程文件测试时，提供可变化数据的内部设备，可提供多种变化方式，如正弦波、三角波等。

数据库存盘文件：指 MCGS 工程文件在硬盘中存储时的文件，类型为 MDB 文件，一般以工程文件的文件名＋"D"进行命名，存储在 MCGS 目录下 WORK 子目录中，如 D：\MCGS\WORK\水位控制系统 D. MDB。

二、MCGS 组态软件的操作方式

MCGS 各种组态工作窗口如下：

系统工作台面：是 MCGS 组态操作的总工作台面。鼠标双击 Windows 桌面上的"MCGS 组态环境"图标，或执行"开始"菜单中的"MCGS 组态环境"菜单项，弹出的窗口即为 MCGS 的工作台窗口。

标题栏：显示"MCGS 组态环境-工作台"标题、工程文件名称和所在目录。

菜单条：设置 MCGS 的菜单系统。参见 MCGS 组态软件用户指南附录所列 MCGS 菜单及快捷键列表。

工具条：设有对象编辑和组态用的工具按钮。不同的窗口设有不同功能的工具条按钮。

工作台面：进行组态操作和属性设置。上部设有五个窗口标签，分别对应主控窗口、用户窗口、设备窗口、实时数据库和运行策略五大窗口。鼠标单击标签按钮，即可将相应的窗口激活，进行组态操作。工作台右侧还设有创建对象和对象组态用的功能按钮。

组态工作窗口：是创建和配置图形对象、数据对象和各种构件的工作环境，又称为对象的编辑窗口。主要包括组成工程框架的五大窗口：主控窗口、用户窗口、设备窗口、实时数据库和运行策略。这五大窗口分别完成工程命名和属性设置、动画设计、设备连接、编写控制流程、定义数据变量等组态操作。

属性设置窗口：是设置对象各种特征参数的工作环境，又称属性设置对话框。对象不同，属性窗口的内容各异，但结构形式大体相同，主要由下列几部分组成：

（1）窗口标题：位于窗口顶部，显示"××属性设置"字样的标题。

（2）窗口标签：不同属性的窗口分页排列，窗口标签作为分页的标记。鼠标单击窗口标签，即可将相应的窗口页激活，进行属性设置。

（3）输入框：设置属性的输入框，左侧标有属性注释文字，框内输入属性内容。为了便于用户操作，许多输入框的右侧带有"？""▼""…"等标志符号的选项按钮，鼠标单击此按钮，弹出一列表框，鼠标双击所需要的项目，即可将其设置于输入框内。

（4）单选按钮：带有"○"或"⊙"标记的属性设定器件。同一设置栏内有多个选项钮时，只能选择其一。

（5）复选框：带有"□"标记的属性设定器件。同一设置栏内有多个选项框时，可以设置多个。

（6）功能按钮：一般设有"检查[C]""确认[Y]""取消[N]""帮助[H]"四种按钮，其中：

- "检查[C]"按钮用于检查当前属性设置内容是否正确；
- "确认[Y]"按钮用于属性设置完毕，返回组态窗口；
- "取消[N]"按钮用于取消当前的设置，返回组态窗口；
- "帮助[H]"按钮用于查阅在线帮助文件。

图形库工具箱：MCGS 为用户提供了丰富的组态资源，包括：

（1）系统图形工具箱：进入用户窗口，鼠标单击工具条中的"工具箱"按钮，打开图形工具箱，其中设有各种图元、图符、组合图形及动画构件的位图图符。利用这些最基本的图形元素，可以制作出任何复杂的图形，具体操作参见 MCGS 组态软件用户指南。

（2）设备构件工具箱：进入设备窗口，鼠标单击工具条中的"工具箱"按钮，打开设备构件工具箱窗口，其中设有工控行业经常选用的、与监控设备相匹配的各种设备构件。选用所需的构件，放置到设备窗口中，经过属性设置和通道连接后，该构件即可实现对外部设备的驱动和控制。

（3）策略构件工具箱：进入运行策略组态窗口，鼠标单击工具条中的"工具箱"按钮，打开策略构件工具箱，工具箱内包括所有策略功能构件。选用所需的构件，生成用户策略模块，实现对系统运行流程的有效控制，具体操作参见 MCGS 组态软件参考手册。

对象元件库：是存放组态完好并具有通用价值动画图形的图形库，便于对组态成果的重复利用。进入用户窗口的组态窗口，执行"工具"菜单中的"对象元件库管理"菜单命令，或者打开系统图形工具箱，选择"插入元件"图标，可打开对象元件库管理窗口，进行存放图形的操作，具体操作参见本书后面章节中的相关内容。

工具按钮一览：工作台窗口的工具条一栏内，排列标有各种位图图标的按钮，称为工具条功能按钮，简称工具按钮。许多工具按钮的功能与菜单条中的菜单命令相同，但操作更为简便，因此在组态操作中经常使用。

三、鼠标操作

选中对象：鼠标指针指向对象，单击鼠标左键（该对象出现蓝色阴影）。

单击鼠标左键：鼠标指针指向对象，单击鼠标左键一次。

单击鼠标右键：鼠标指针指向对象，单击鼠标右键一次。

鼠标双击：鼠标指针指向对象，快速连续单击鼠标左键两次。

鼠标拖动：鼠标指针指向对象，按住鼠标左键，移动鼠标，对象随鼠标移动到指定位置，然后松开左键，即完成鼠标拖动操作。

四、组建新工程的一般过程

1. 工程项目系统分析

分析工程项目的系统构成、技术要求和工艺流程，弄清系统的控制流程和监控对象的特征，明确监控要求和动画显示方式；分析工程中的设备采集及输出通道与软件中实时数据库变量的对应关系，分清哪些变量是要求与设备连接的，哪些变量是软件内部用来传递数据及动画显示的。

2. 工程立项搭建框架

工程立项搭建框架在 MCGS 中称为建立新工程，主要内容包括定义工程名称、封面窗口名称和启动窗口（封面窗口退出后接着显示的窗口）名称，指定存盘数据库文件的名称，存盘数据库及设定动画刷新的周期。经过此步操作，即在 MCGS 组态环境中，建立了工程结构框架。封面窗口和启动窗口也可等到建立了用户窗口后，再行建立。

3. 设计菜单基本体系

为了对系统运行的状态及工作流程进行有效调度和控制，通常要在主控窗口内编制菜单。编制菜单分两步进行，第一步是搭建菜单的框架，第二步是对各级菜单命令进行功能组态。在组态过程中，可根据实际需要，随时对菜单的内容进行增加或删除，不断完善工程菜单。

4. 制作动画显示画面

动画制作分为静态图形设计和动态属性设置两个过程。静态图形设计类似于"画画"，用户通过 MCGS 组态软件中提供的基本图形元素及动画构件库，在用户窗口内"组合"成各种复杂的画面。动态属性设置则是设置图形的动画属性，与实时数据库中定义的变量建立连接关系，作为动画图形的驱动源。

5. 编写控制流程程序

在运行策略窗口内，从策略构件箱中，选择所需功能策略构件，构成各种功能模块（称为策略块），再由这些模块实现各种人机交互操作。MCGS 还为用户提供了编程用的功能构件（称之为"脚本程序"功能构件），只需使用简单的编程语言，就能编写工程控制程序。

6. 完善菜单按钮功能

完善菜单按钮功能包括对菜单命令、监控器件、操作按钮的功能组态，实现历史数据、实时数据、各种曲线、数据报表、报警信息输出等功能，建立工程安全机制等。

7. 编写程序调试工程

利用调试程序产生的模拟数据，检查动画显示和控制流程是否正确。

8. 连接设备驱动程序

选定与设备相匹配的设备构件，连接设备通道，确定数据变量的数据处理方式，完成设备属性的设置。此项操作在设备窗口内进行。

9. 工程完工综合测试

最后测试工程各部分的工作情况，完成整个工程的组态工作，实施工程交接。

注意： 以上组建新工程的操作步骤只是按照组态工程的一般思路列出的，在实际组态中，有些过程是交织在一起进行的，用户可根据工程的实际需要和自己的习惯，调整步骤的先后顺序，这些步骤并没有严格的限制与规定。这里，我们列出以上的步骤是为了帮助用户了解 MCGS 组态软件使用的一般过程，便于用户快速学习和掌握 MCGS 工控组态软件。

第二节 // 建立一个新工程

一、建立一个新工程

1. 工程简介

本节通过一个水位控制系统的组态过程，介绍如何应用 MCGS 组态软件建立一个新工程。通过本节及后续几节的学习，您将会应用 MCGS 组态软件建立一个比较简单的水位控制系统。本样例工程中涉及动画制作、控制流程的编写、模拟设备的连接、报警输出、报表曲线显示与打印等多项组态操作。

水位控制需要采集两个模拟数据，即液位 1（最大值 10 m）、液位 2（最大值 6 m），以及三个开关数据，即水泵、调节阀、出水阀。

水位控制系统工程组态好后，最终效果如图 4-1 所示。

2. 样例工程剖析

对于一个工程设计人员来说，要想快速准确地完成一个工程项目，首先要了解工程的系统构成和工艺流程，明确主要的技术要求，搞清工程所涉及的相关硬件和软件。在此基础上，拟订组建工程的总体规划和设想，如控制流程如何实现，需要什么样的动画效果，应具备哪些功能，需要何种工程报表，需不需要曲线显示等。只有这样，才能在组态过程中有的放矢，尽量避免无谓的劳动，达到快速完成工程项目的目的。

1）工程的框架结构

样例工程的名称为"水位控制系统.mcg"工程文件，两个用户窗口（水位控制系统演示工程和水位控制系统数据显示）、四个主菜单（系统管理、数据显示、历史数据、报警数据）构成了样例工程的基本骨架。

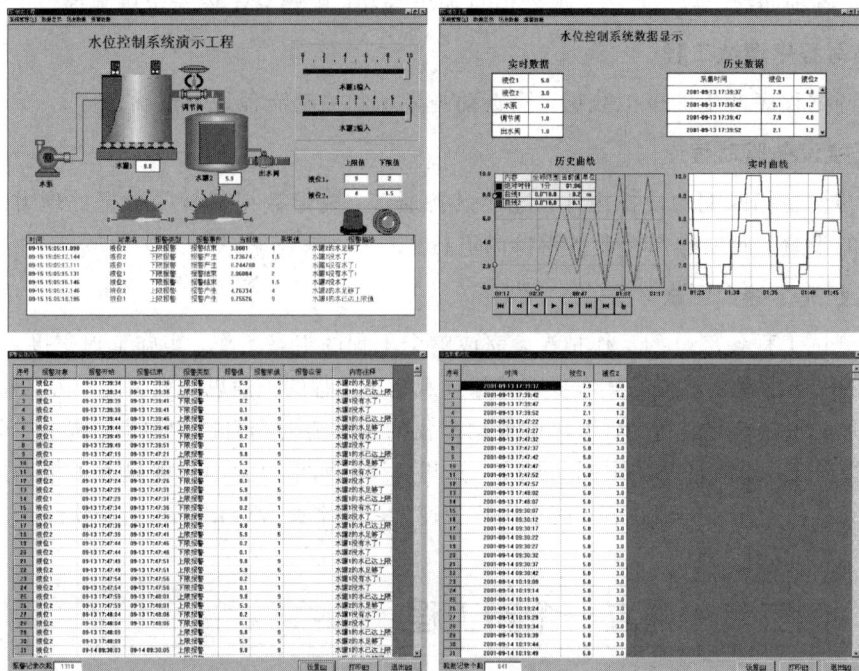

图 4-1　水位控制系统工程效果

2）动画图形的制作

水位控制窗口是样例工程首先显示的图形窗口（启动窗口），是一个模拟系统真实工作流程并实施监控操作的动画窗口，包括：

（1）水位控制系统：水泵、水箱和阀门由"对象元件库管理"调入，管道则经过动画属性设置赋予其动画功能。

（2）液位指示仪表：采用旋转式指针仪表，指示水箱的液位。

（3）液位控制仪表：采用滑动式输入器，由鼠标操作滑动指针，改变流速。

（4）报警动画显示：由"对象元件库管理"调入，用可见度实现。

3）控制流程的实现

选用"模拟设备"及策略构件箱中的"脚本程序"功能构件，设置构件的属性，编制控制程序，实现水位、水泵、调节阀和出水阀的有效控制。

4）各种功能的实现

通过 MCGS 提供的各类构件实现下述功能：

（1）历史曲线：选用历史曲线构件实现；

（2）历史数据：选用历史表格构件实现；

（3）报警显示：选用报警显示构件实现；

（4）工程报表：历史数据选用存盘数据浏览策略构件实现，报警历史数据选用报警信息浏览策略构件实现，实时报表选用自由表格构件实现，历史报表选用历史表格构件实现；

（5）输入、输出设备；

（6）抽水泵的启停：开关量输出；

（7）调节阀的开启关闭：开关量输出；

（8）出水阀的开启关闭：开关量输出；

（9）水罐 1 和水罐 2 液位指示：模拟量输入。

5）其他功能的实现

工程的安全机制：分清操作人员和负责人的操作权限。

注意：在 MCGS 组态软件中，提出了"与设备无关"的概念，无论用户使用 PLC（Programmable Logic Controller）、仪表，还是使用采集板、模块等设备，在进入工程现场前的组态测试时，均采用模拟数据进行，待测试合格后，再进行设备的硬连接，同时将采集或输出的变量写入设备构件的属性设置窗口内，实现设备的软连接，由 MCGS 提供的设备驱动程序驱动设备工作。以上列出的变量均采取这种办法。

3. 建立 MCGS 新工程

如果您已在计算机上安装了 MCGS 组态软件，那么在 Windows 桌面上，会有"MCGS组态环境"与"MCGS 运行环境"图标。鼠标双击"MCGS 组态环境"图标，进入 MCGS 组态环境，如图 4-2 所示。

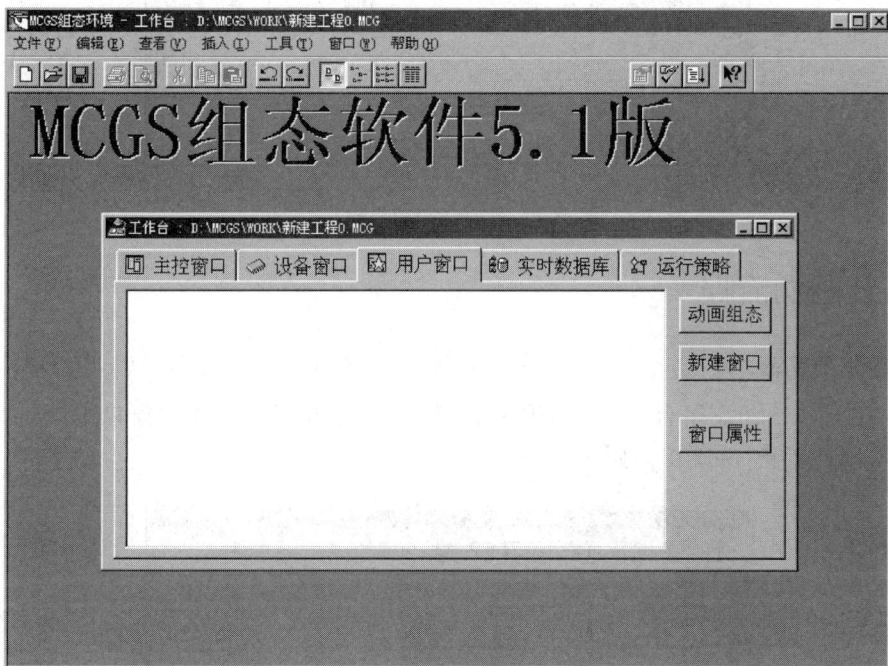

图 4-2　MCGS 组态环境——工作台

在菜单文件中选择"新建工程"菜单项，如果 MCGS 安装在 D 盘根目录下，则会在 D：\MCGS\WORK\下自动生成新建工程，默认的工程名为新建工程 X. MCG（X 表示新建工程的顺序号，如 0、1、2 等），如图 4-3 所示。

用户可以在菜单"文件"中选择"工程另存为"选项，把新建工程存为：D：\MCGS\WORK\水位控制系统，如图 4-4 所示。

至此，已经成功地建立了自己的工程。

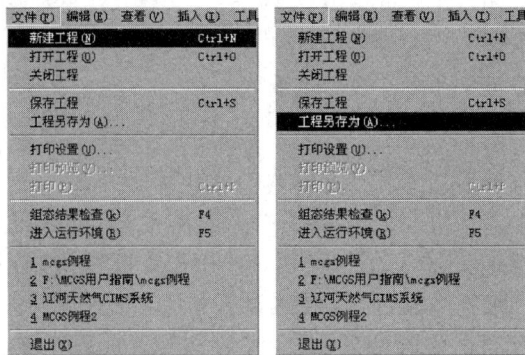

图 4-3　新建工程工具栏

图 4-4　保存地址窗口

二、设计画面流程

1. 建立新画面

（1）在 MCGS 组态平台上，单击弹出的用户窗口，在弹出的用户窗口中单击"新建窗口"按钮，则产生新"窗口 0"，如图 4-5 所示。

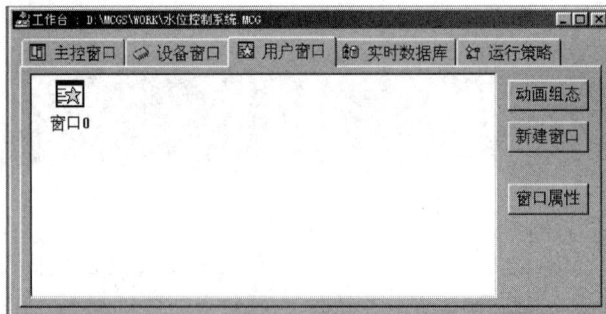

图 4-5　工作台窗口

（2）选中"窗口 0"，单击"窗口属性"，进入"用户窗口属性设置"对话框，将"窗口名称"改为水位控制，将"窗口标题"改为水位控制，在"窗口位置"中选中"最大化显示"，其他属性不变，单击"确认"按钮。如图 4-6 所示。

（3）选中刚创建的"水位控制"用户窗口，单击"动画组态"，进入动画制作窗口，如图4-7所示。

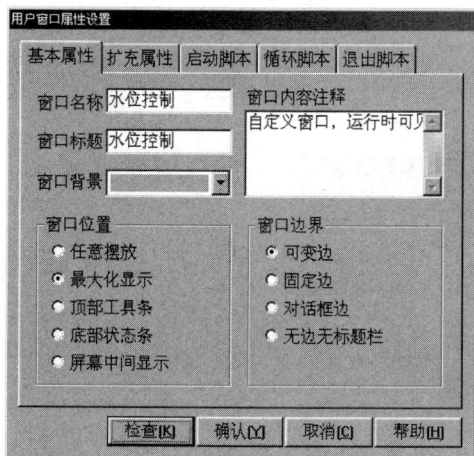

图4-6　用户窗口属性设置

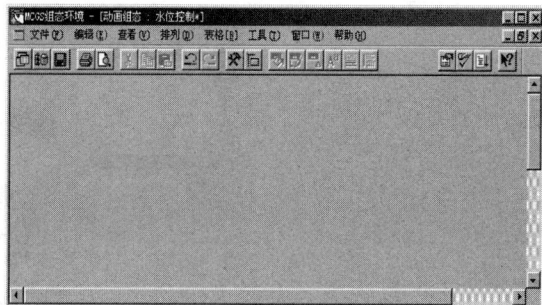

图4-7　动画制作窗口

2. 工具箱介绍

单击工具条中的"工具箱"按钮，打开动画工具箱，如图4-8(a)所示。其中，图标对应于选择器，用于在编辑图形时选取用户窗口中指定的图形对象；图标用于打开和关闭常用图符工具箱，常用图符工具箱包括27种常用的图符对象。

图形对象放置在用户窗口中，是构成用户应用系统图形界面的最小单元。MCGS中的图形对象包括图元对象、图符对象和动画构件对象三种类型，不同类型的图形对象有不同的属性，所能完成的功能也各不相同。

为了快速构图和组态，MCGS系统内部提供了常用的图元对象、图符对象、动画构件对象，称为系统图形对象，如图4-8(b)所示。

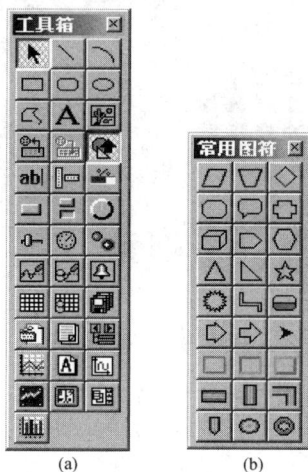

(a)　　　　　(b)

图4-8　工具箱

1）制作文字框图

建立文字框：打开工具箱，选择"工具箱"中的标签按钮，此时鼠标的光标变为"十字"

形，在窗口任何位置拖拽鼠标，拉出一个一定大小的矩形。

输入文字：建立矩形框后，光标在其内闪烁，可直接输入"水位控制系统演示工程"文字，按回车键或在窗口任意位置用鼠标单击，文字输入过程结束。如果用户想改变矩形框内的文字字体，先选中文字标签，按回车键或空格键，光标显示在文字起始位置，即可进行文字字体的修改，如图4-9所示。

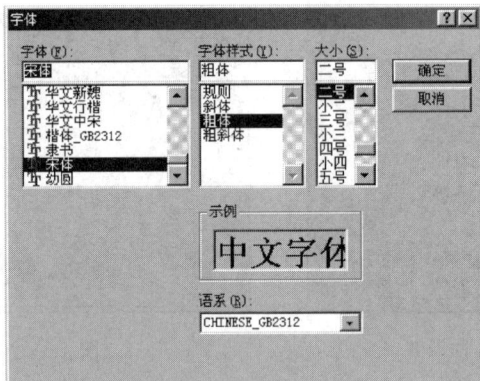

图4-9　设置字体窗口

2) 设置框图颜色

设定文字框颜色：选中文字框，按工具条上的▦（填充色）按钮，设定文字框的背景颜色（设为无填充色）；按▨（线色）按钮改变文字框的边线颜色（设为没有边线）。设定的结果是，不显示框图，只显示文字。

设定文字的颜色：按Aᵃ（字符字体）按钮改变文字字体和大小。按▦A（字符颜色）按钮，改变文字颜色（为蓝色），如图4-10所示。

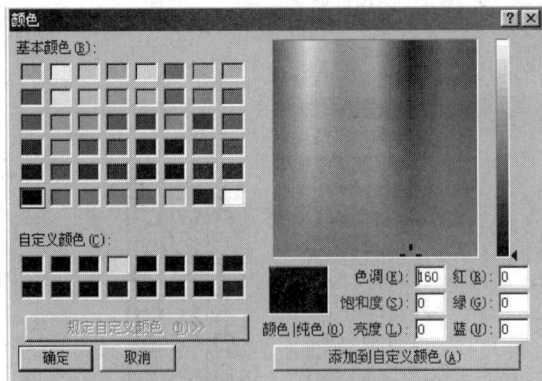

图4-10　设置颜色窗口

3. 对象元件库管理

单击"工具"菜单，选中"对象元件库管理"，或单击工具条中的"工具箱"按钮，打开动画工具箱。工具箱中的图标▣用于从对象元件库中读取存盘的图形对象，图标▣用于把当前用户窗口中选中的图形对象存入对象元件库中。

如图 4-11 所示，从"对象元件库管理"中的"储藏罐"中选取中意的罐，按"确定"按钮，则选中的罐出现在桌面的左上角。所选中的罐可以改变大小及位置。

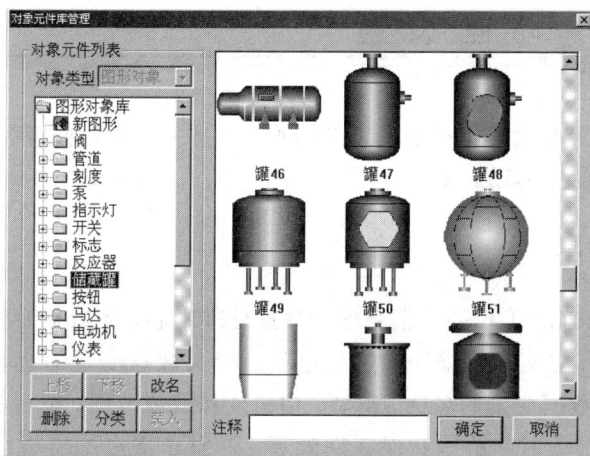

图 4-11 对象元件库管理窗口

从"对象元件库管理"中的"阀"和"泵"中分别选取两个阀(阀 6、阀 33)、1 个泵(泵 12)。流动的水是由 MCGS 动画工具箱中的"流动块"构件制作完成的。

选中工具箱内的"流动块"动画构件(▣)，移动鼠标至窗口的预定位置，此时光标变为十字形状，按住鼠标左键移动鼠标，在鼠标光标后形成一道虚线，拖动一定距离后，单击鼠标左键，则生成一段流动块；再拖动鼠标(可沿原来方向，也可垂直原来方向)，生成下一段流动块。当用户想结束绘制时，双击鼠标左键即可。当用户想修改流动块时，先选中流动块(流动块周围出现选中标志：白色小方块)，鼠标指针指向小方块，按住左键不放，拖动鼠标，就可调整流动块的形状。

用工具箱中的 **A** 图标，分别对选中的阀、罐进行文字注释，方法见上面制作"水位控制系统演示工程"。

4. 整体画面

最后生成的水位控制系统演示工程画面如图 4-12 所示。

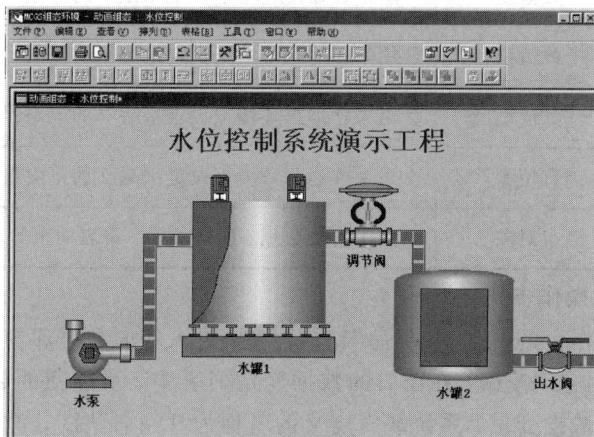

图 4-12 水位控制系统工程整体画面

选择菜单项"文件"中的"保存工程",则可对所完成的水位控制系统工程进行保存。

第三节 动画设置

在第二节我们已经绘制好了静态的动画图形,在这一节中我们将利用 MCGS 软件中提供的各种动画属性,使图形动起来。

一、定义数据变量

实时数据库是 MCGS 工程的数据交换和数据处理中心,而数据变量是构成实时数据库的基本单元,因此,建立实时数据库的过程也就是定义数据变量的过程。定义数据变量的内容主要包括:指定数据变量的名称、类型、初始值和数值范围,确定与数据变量存盘相关的参数,如存盘的周期、时间范围和保存期限等。下面介绍水位控制系统数据变量的定义步骤。

1. 定义变量名称

表 4-1 列出了样例工程中与动画和设备控制相关的变量名称。

表 4-1　水位控制系统工程中与动画和设备控制相关的变量名称

变量名称	类　型	注　释
水泵	开关型	控制水泵"启动""停止"的变量
调节阀	开关型	控制调节阀"打开""关闭"的变量
出水阀	开关型	控制出水阀"打开""关闭"的变量
液位 1	数值型	水罐 1 的水位高度,用来控制 1♯水罐水位的变化
液位 2	数值型	水罐 2 的水位高度,用来控制 2♯水罐水位的变化
液位 1 上限	数值型	用来在运行环境下设定水罐 1 的上限报警值
液位 1 下限	数值型	用来在运行环境下设定水罐 1 的下限报警值
液位 2 上限	数值型	用来在运行环境下设定水罐 2 的上限报警值
液位 2 下限	数值型	用来在运行环境下设定水罐 2 的下限报警值
液位组	组对象	用于历史数据、历史曲线、报表输出等功能构件

定义变量名称的操作步骤:

(1)鼠标单击工作台的"实时数据库"窗口标签,进入实时数据库窗口界面。

(2)单击"新增对象"按钮,在窗口的数据变量列表中,增加新的数据变量。多次单击该按钮,则增加多个数据变量,系统缺省定义的名称为"Data1""Data2""Data3"等。

(3)选中变量,单击"对象属性"按钮或双击选中变量,则打开对象属性设置窗口。

2. 指定名称类型

在对象属性设置窗口的数据变量列表中，用户将系统定义的缺省名称改为用户定义的名称，并指定类型，在注释栏中输入变量注释文字。水位控制系统工程中要定义的数据变量如图 4-13 和图 4-14 所示。

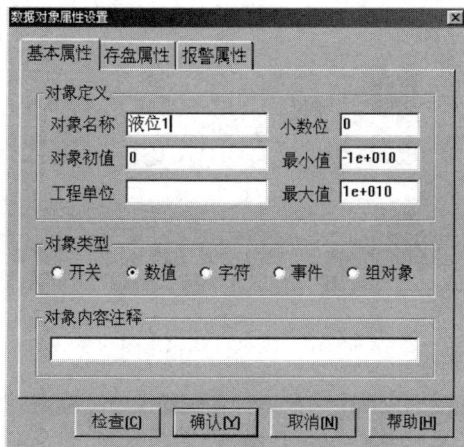

图 4-13　对象属性设置窗口 1　　　　图 4-14　对象属性设置窗口 2

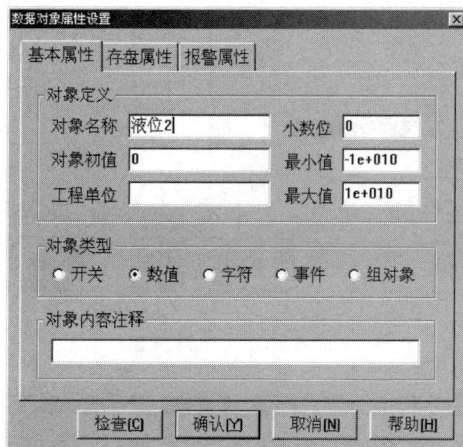

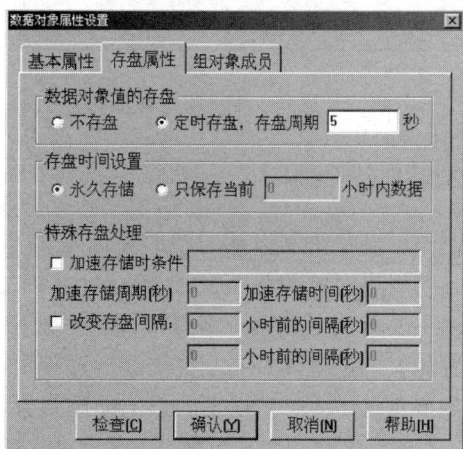

以液位 1 变量为例，在基本属性中，对象名称为液位 1，对象类型为数值，其他属性不变。

3. 液位组变量属性设置

在基本属性中，对象名称为液位组，对象类型为组对象，其他属性不变，如图 4-15 所示。在存盘属性中，数据对象值的存盘中选中定时存盘，存盘周期设为 5 s，如图 4-16 所示。在组对象成员列表中选择"液位 1""液位 2"，具体设置如图 4-17 所示。

图 4-15　对象属性设置窗口 3　　　　图 4-16　对象属性设置窗口 4

对于水泵、调节阀、出水阀三个开关型变量，属性设置只要把对象名称改为水泵、调节阀、出水阀，对象类型选中"开关"，其他属性不变，如图 4-18、图 4-19、图 4-20 所示。

图 4-17　对象属性设置窗口 5

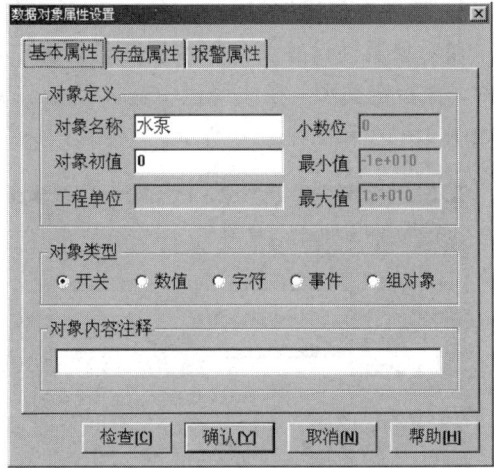

图 4-18　对象属性设置窗口 6

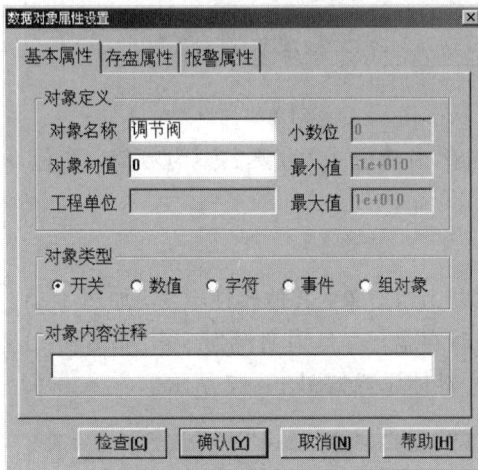

图 4-19　对象属性设置窗口 7

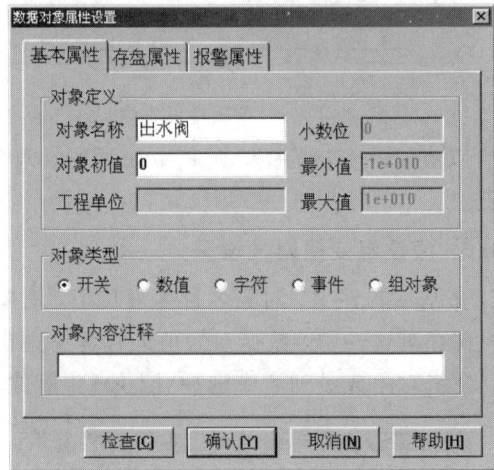

图 4-20　对象属性设置窗口 8

二、动画连接

由图形对象搭制而成的图形界面是静止不动的，需要对这些图形对象进行动画设计，真实描述外界对象的状态变化，达到水位变化过程实时监控的目的。MCGS 实现图形动画设计的主要方法是将用户窗口中的图形对象与实时数据库中的数据对象进行相关性连接，并设置相应的动画属性。在系统运行过程中，图形对象的外观和状态特征由数据对象的实时采集值驱动，从而实现了图形的动画效果。具体实现步骤如下：

（1）在用户窗口中，鼠标双击水位控制窗口，选中水罐 1 双击，弹出单元属性设置窗口，如图 4-21 所示。选中折线，则会出现 ▶ 图标，单击 ▶ 进入动画组态属性设置窗口，按图 4-22 所示进行属性设置，其他动态属性不变，最后，按"确认"，再按"确认"，变量连接成功。对于水罐 2，只需要把液位 1 改为液位 2，最大变化百分比仍设为 100，对应的表达式的值由"10"改为"6"即可。

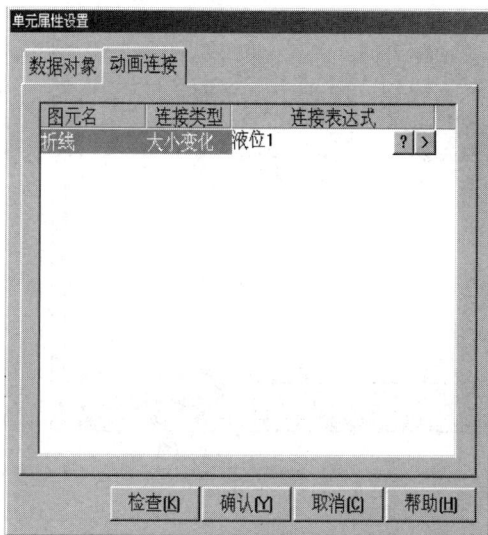

图 4-21　单元属性设置窗口 1　　　　　图 4-22　动画组态属性设置窗口 1

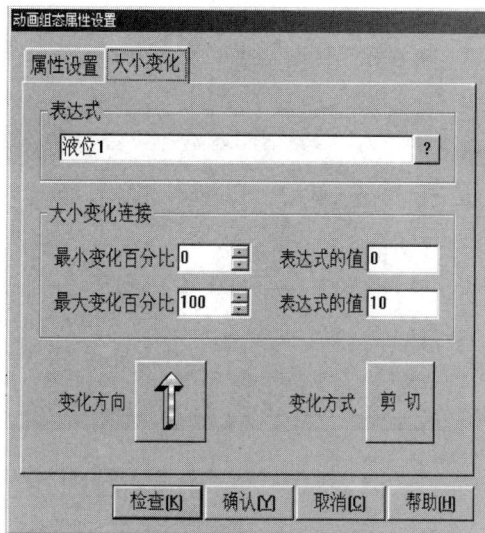

（2）在用户窗口中，双击水位控制窗口，选中调节阀双击，则弹出单元属性设置窗口。选中组合图符，则会出现 > 图标，单击 > 则进入动画组态属性设置窗口，如图 4-23 所示，按图 4-24、图 4-25、图 4-26 所示进行设置，其他属性不变，最后，按"确认"，再按"确认"，变量连接成功。水泵属性设置跟调节阀属性设置方法一样。

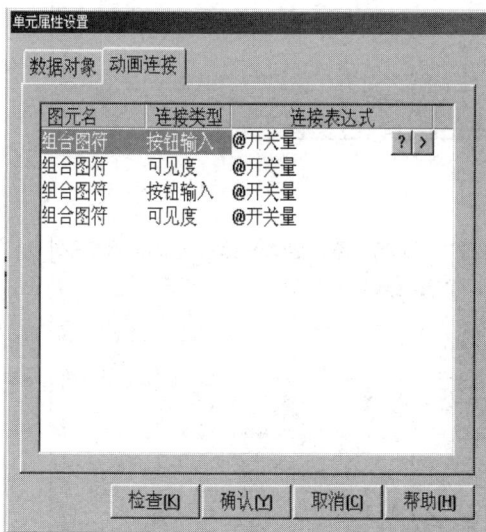

图 4-23　单元属性设置窗口 2　　　　　图 4-24　动画组态属性设置窗口 2

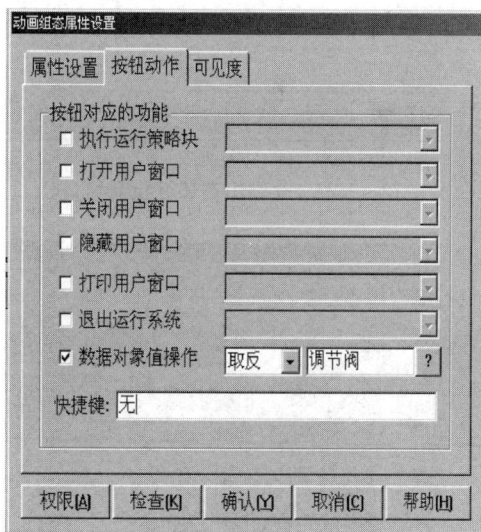

对于出水阀的属性设置，可以在"属性设置"中调入其他属性，按图 4-27 所示设置填充颜色以及字符颜色等，按图 4-28 所示设置动画连接变量，按图 4-29 所示设置按钮动作，按图 4-30 所示设置动画组态变量的条件。

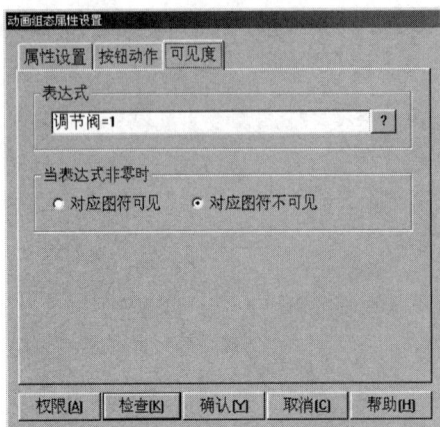

图 4-25　动画组态属性设置窗口 3　　　　　图 4-26　单元属性设置窗口 3

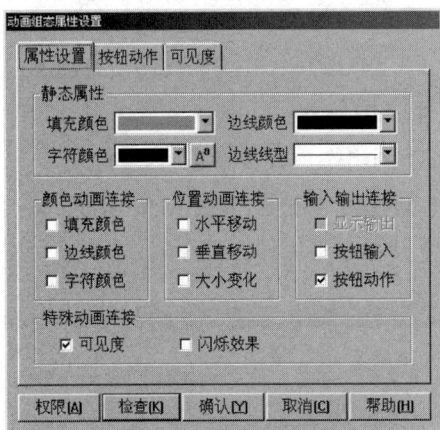

图 4-27　动画组态属性设置窗口 4　　　　　图 4-28　单元属性设置窗口 4

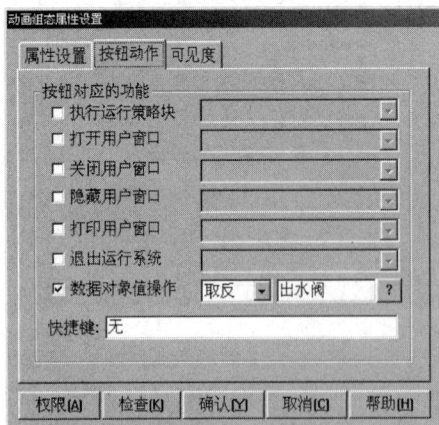

图 4-29　动画组态属性设置窗口 5　　　　　图 4-30　动画组态属性设置窗口 5

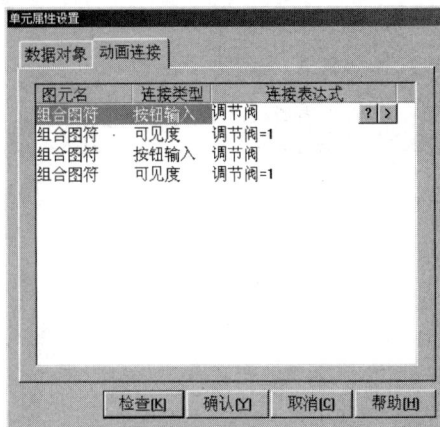

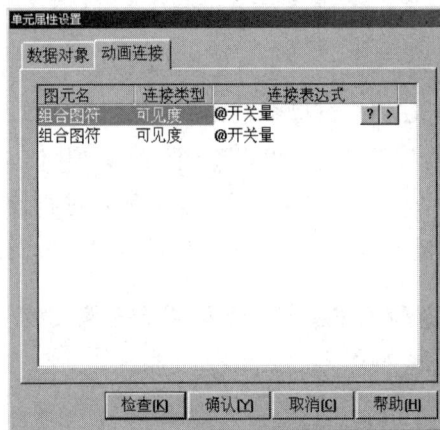

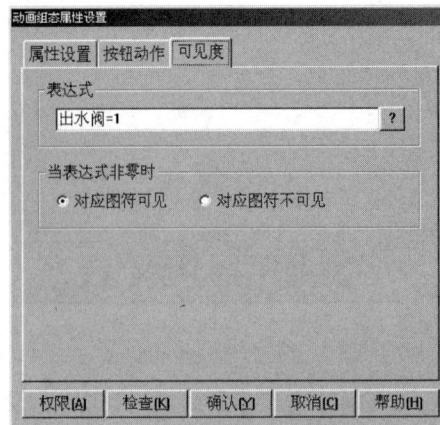

（3）在用户窗口中，双击水位控制窗口，选中水泵右侧的流动块双击，则弹出流动块构

件属性设置窗口。按图 4-31 所示进行属性设置，其他属性不变。水罐 1 右侧的流动块与水罐 2 右侧的流动块在流动块构件属性设置窗口中，只需要把表达式相应改为：水泵＝1，调节阀＝1，出水阀＝1 即可，如图 4-32、图 4-33 和图 4-34 所示。

图 4-31　单元属性设置窗口 6

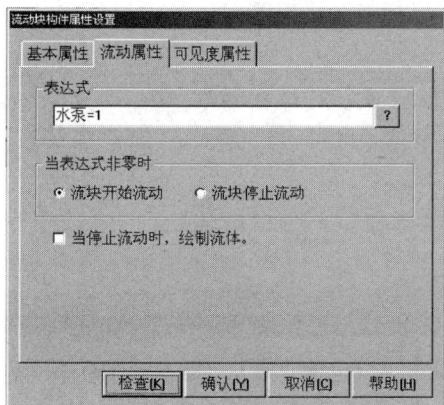

图 4-32　流动块构件属性设置窗口 1　　　　图 4-33　流动块构件属性设置窗口 2

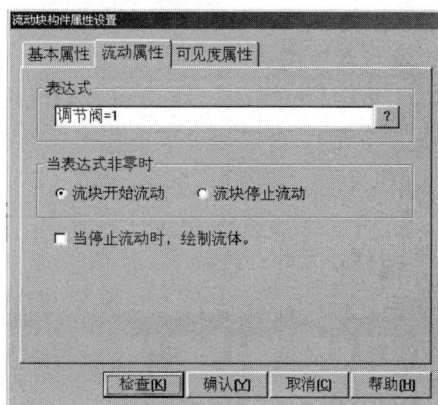

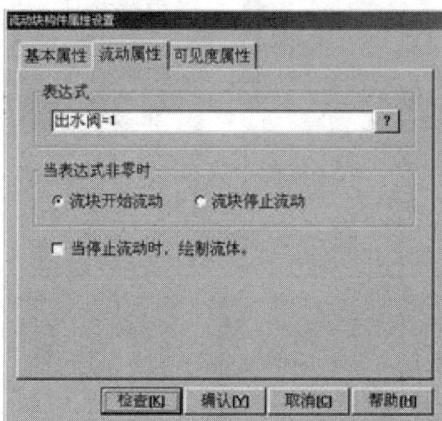

图 4-34　流动块构件属性设置窗口 3

到此动画连接已经做好，就可以让工程运行起来。

在工程运行之前需要做以下设置：在用户窗口中选中"水位控制"，单击鼠标右键，然后再单击"设置为启动窗口"，这样工程运行后会自动进入"水位控制"窗口，如图4-35所示。

在菜单项文件中选"进入运行环境"或直接按 F5 键或直接按工具条中 圖 图标，都可以进入运行环境。

这时我们看见的画面并不能动，还需要将鼠标移动到"水泵""调节阀""出水阀"上面的红色部分，此时会出现一只小"手"，鼠标单击，这时红色部分变为绿色，同时流动块相应运动起来，但水罐仍没有变化。这是

图 4-35　子菜单栏

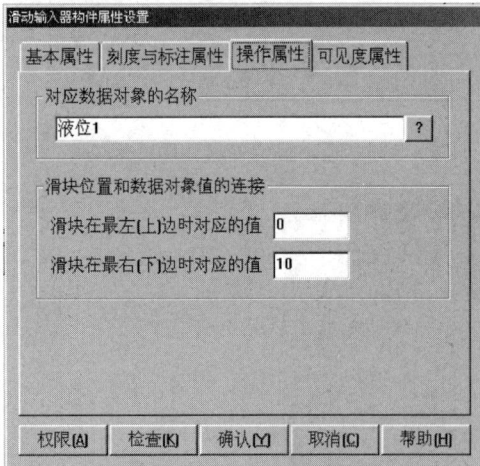

由于没有信号输入，也没有人为改变其值，我们可以用如下方法改变其值，使水罐动起来。

（1）在工具箱中选中滑动输入器 ◻ 图标，当鼠标变为十字形后，拖动鼠标到适当大小，然后双击进入属性设置。

（2）以液位 1 为例，在"滑动输入器构件属性设置"的"操作属性"中，把对应数据对象的名称改为液位 1，可以通过单击 ？ 图标，到库中选，也可自己输入；"滑块在最右〔下〕边时对应的值"为 10，如图 4-36 所示。

（3）在"滑动输入器构件属性设置"的"基本属性"中，在"滑块指向"中选中"指向左（上）"，其他属性不变，如图 4-37 所示。

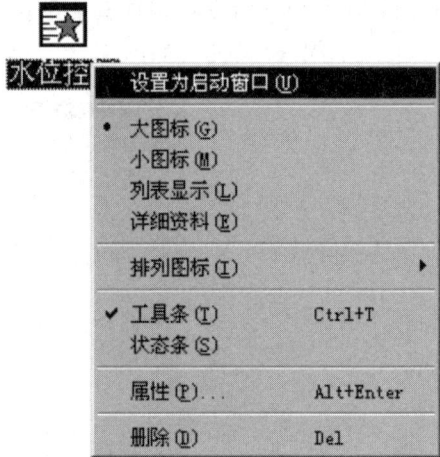

图 4-36　滑动输入器构件属性设置窗口 1　　　图 4-37　滑动输入器构件属性设置窗口 2

（4）在"滑动输入器构件属性设置"的"刻度与标注属性"中，把"主划线数目"改为 5，即能被 10 整除，其他属性不变，如图 4-38 所示。

属性设置好后，效果如图 4-39 所示。

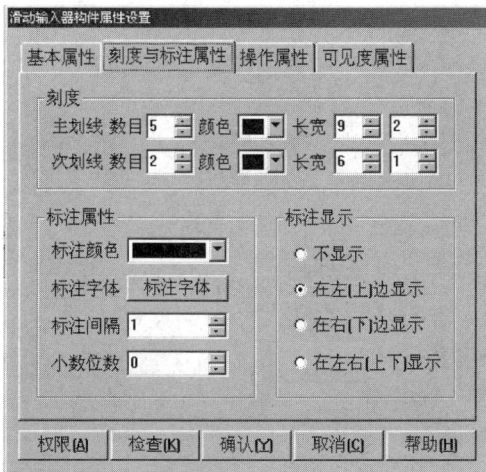

图 4-38 滑动输入器构件属性设置窗口 3

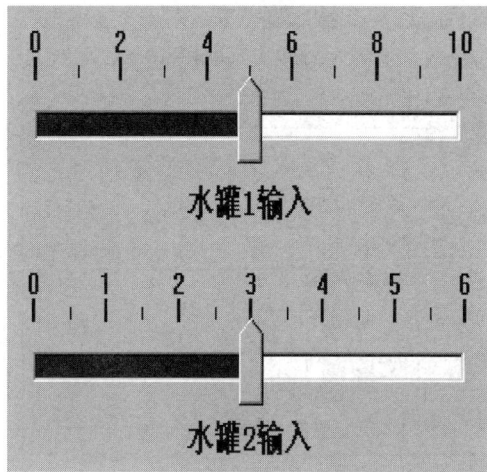

图 4-39 刻度设置窗口

（5）这时再按"F5"键或直接按工具条中▣图标，进入运行环境后，可以通过拉动滑动输入器而使水罐中的液面动起来。

为了能准确了解水罐 1、水罐 2 的值，可以用数字显示其值，具体操作如下：

在工具箱中单击"标签"Ａ图标，调整大小放在水罐下面，双击进行属性设置，如图 4-40、图 4-41 所示。

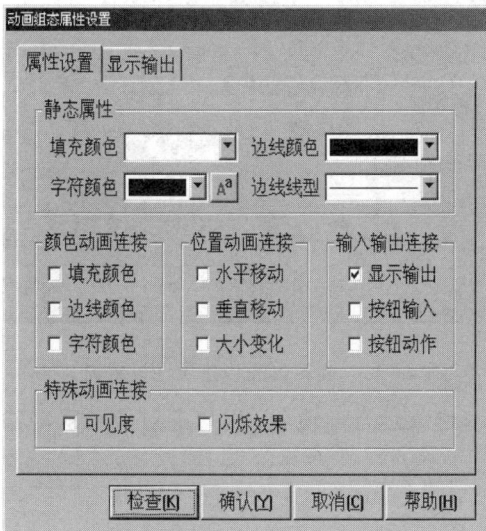

图 4-40 动画组态属性设置窗口 6

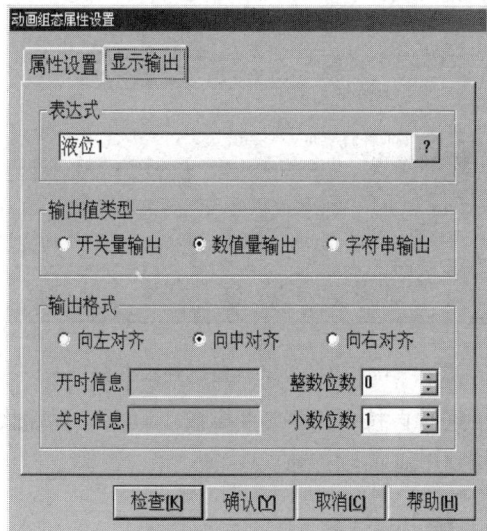

图 4-41 动画组态属性设置窗口 7

如果用户需要在动画界面中模拟现场的仪表运行状态，这在 MCGS 组态软件中实现并不难，请按如下步骤进行操作：

在工具箱中单击"旋转仪表"◎图标，调整大小放在水罐下面，双击进行液位 1 的属性设置，如图 4-42、图 4-43 所示。液位 2 的属性设置如图 4-44、图 4-45 所示。

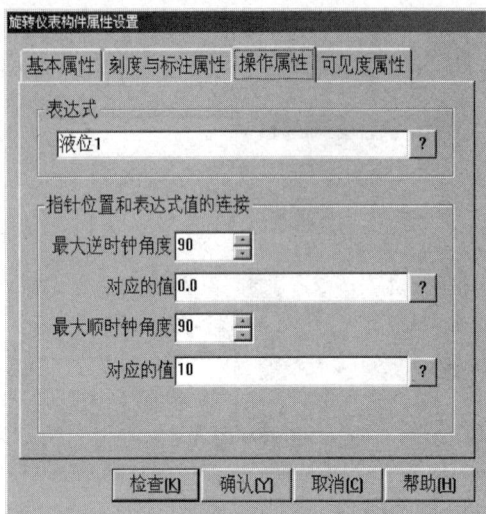

图 4-42　旋转仪表构建属性设置窗口 1

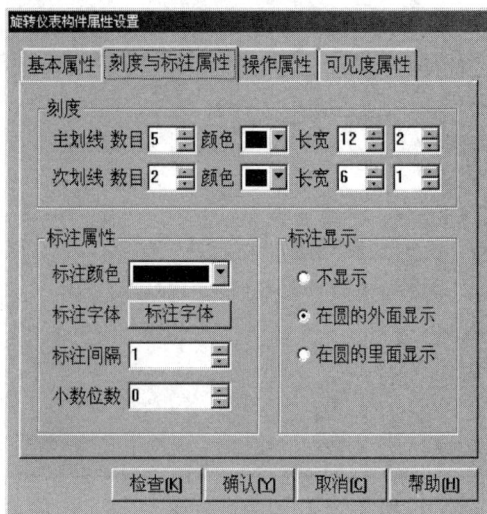

图 4-43　旋转仪表构建属性设置窗口 2

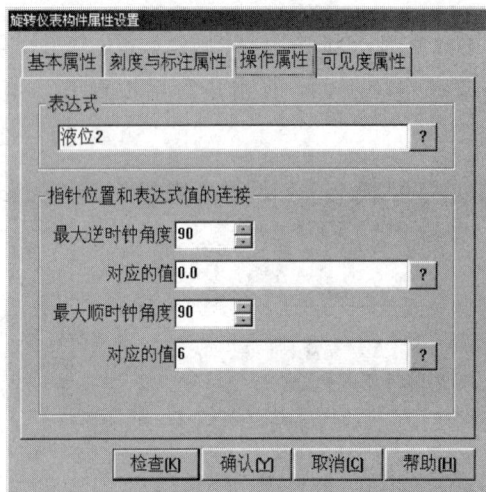

图 4-44　旋转仪表构建属性设置窗口 3

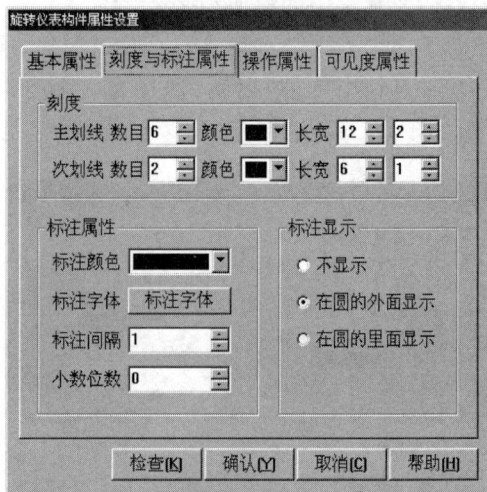

图 4-45　旋转仪表构建属性设置窗口 4

这时再按 F5 键或直接按工具条中的▣图标，进入运行环境后，可以通过拉动滑动输入器使整个画面动起来。

三、模拟设备

MCGS 软件中的模拟设备可根据设置的参数产生一组模拟曲线的数据，以供用户调试工程时使用。模拟设备可以产生标准的正弦波、方波、三角波、锯齿波信号，且其幅值和周期都可以任意设置。

通过模拟设备可以使动画自动运行起来，而不需要手动操作，具体操作如下：

（1）在设备窗口中双击"设备管理"窗口，再单击工具条中的"工具箱" 🗙 图标，打开"设备工具箱"，如图 4-46、图 4-47 所示。

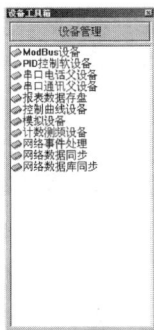

图 4-46　设备工具箱子菜单　　　　　　　　图 4-47　设备管理窗口

如果在设备工具箱中没有发现"模拟设备",可单击设备工具箱中的"设备管理",在"可选设备"中可以看到 MCGS 组态软件所支持的大部分硬件设备。在"通用设备"中打开"模拟数据设备",双击"模拟设备",按"确认"按钮后,在设备工具箱中就会出现"模拟设备",再双击"模拟设备",则会在设备窗口中加入"模拟设备"。

(2)模拟设备属性设置。双击 设备0-[模拟设备],打开设备属性设置窗口,对模拟设备进行属性设置,具体操作如下:

在设备属性设置窗口,单击"内部属性",会出现 图标,单击进入"内部属性"进行属性设置,把通道 1 的最大值设为 10,通道 2 的最大值设为 6,其他属性不变,设置好后按"确认"按钮退到"基本属性"窗口。在"通道连接"中"对应数据对象"中输入变量,第一个通道对应输入"液位 1",第二个通道对应输入"液位 2",或在所要连接的通道中单击鼠标右键,到实时数据库中选中"液位 1""液位 2"双击,也可把选中的数据对象连接到相应的通道。这时在设备调试窗口就可看到数据变化,如图 4-48 所示。

图 4-48　设备属性设置窗口

模拟设备属性设置完成后，再进入运行环境，就会发现所做的"水位控制系统工程"自动运行起来了，但美中不足的是阀门不会根据水罐中的水位变化自动开启。

四、编写控制流程

用户脚本程序通常是由用户编制，用来完成特定操作和处理的程序。脚本程序的编程语言非常类似于普通的 Basic 语言，但在概念和使用上却更简单直观，力求做到使大多数普通用户都能正确、快速地掌握和使用。

对于大多数简单的应用系统，MCGS 的简单组态就可完成，只有比较复杂的系统，才需要使用脚本程序。正确地编写脚本程序，不仅可以简化组态过程，大大提高工作效率，还能优化控制过程。

下面介绍脚本程序的编写环境及如何编写脚本程序来实现控制流程。

假设：当"水罐 1"的液位达到 9 m 时，就要把水泵关闭，否则就要自动启动调节阀。当"水罐 2"的液位不足 1 m 时，就要自动关闭出水阀，否则自动开启调节阀。当"水罐 1"的液位大于 1 m，同时"水罐 2"的液位小于 6 m 时，就要自动开启调节阀，否则自动关闭调节阀，具体操作如下：

（1）在运行策略窗口中，双击"循环策略"，再双击 图标进入"策略属性设置"窗口，如图 4-49 所示，只需要把"循环时间"设为 200 ms，按"确认"即可。

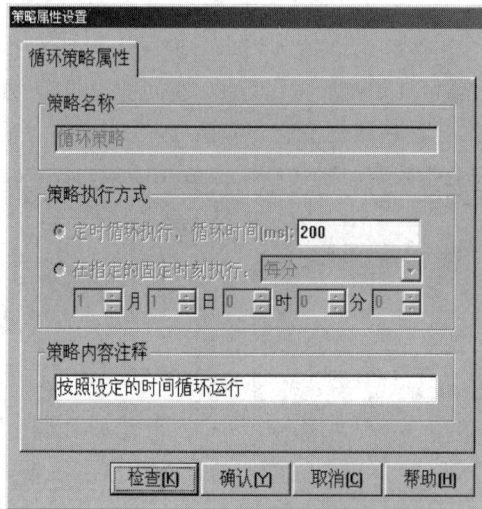

图 4-49 策略属性设置窗口

（2）在策略组态中，单击工具条中的"新增策略行" 图标，显示则如图 4-50 所示。

图 4-50 新增策略行

在策略组态中，如果没有出现策略工具箱，单击工具条中的"工具箱" 图标，弹出策略工具箱子菜单，如图 4-51 所示。

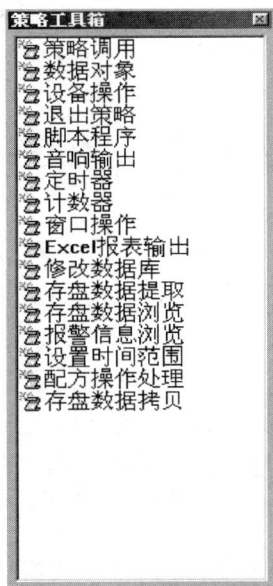

图 4-51 策略工具箱子菜单

单击策略工具箱子菜单中的"脚本程序",把鼠标移出"策略工具箱",会出现一个小"手",把小"手"放在 ▭ 上,单击鼠标左键,显示则如图 4-52 所示。

图 4-52 新增脚本程序

(3)双击 ▭ 进入脚本程序编辑环境,在如图 4-53 所示的界面输入如下命令:

```
IF 液位 1＜9 THEN
    水泵＝1
ELSE
    水泵＝0
ENDIF
IF 液位 2＜1 THEN
    出水阀＝0
ELSE
    出水阀＝1
ENDIF
IF 液位 1＞1 and    液位 2＜6 THEN
    调节阀＝1
ELSE
    调节阀＝0
ENDIF
```

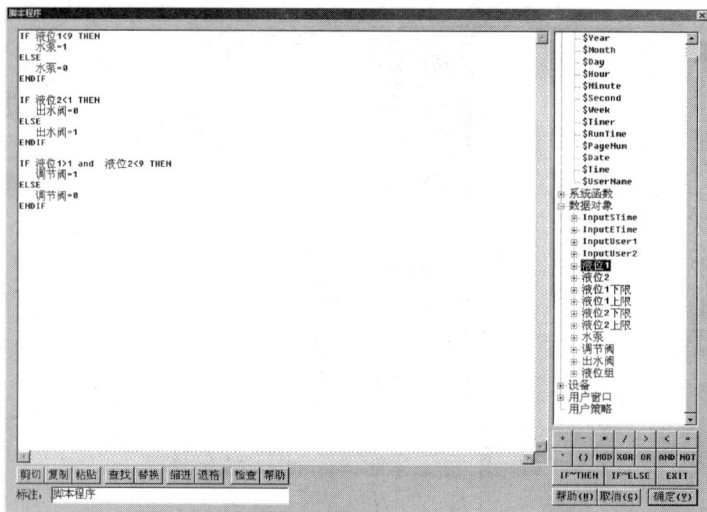

图 4-53　脚本程序编辑窗口

（4）按"确定"按钮退出，则脚本程序就编写好了。这时再进入运行环境，就会按照您所需要的控制流程出现相应的动画效果。

第四节　应 用 举 例

本节将以一个完整实例讲述 MCGS 的应用。

一、建立窗口

（1）新建 MCGS 嵌入版组态文件，进入主界面，如图 4-54 所示。

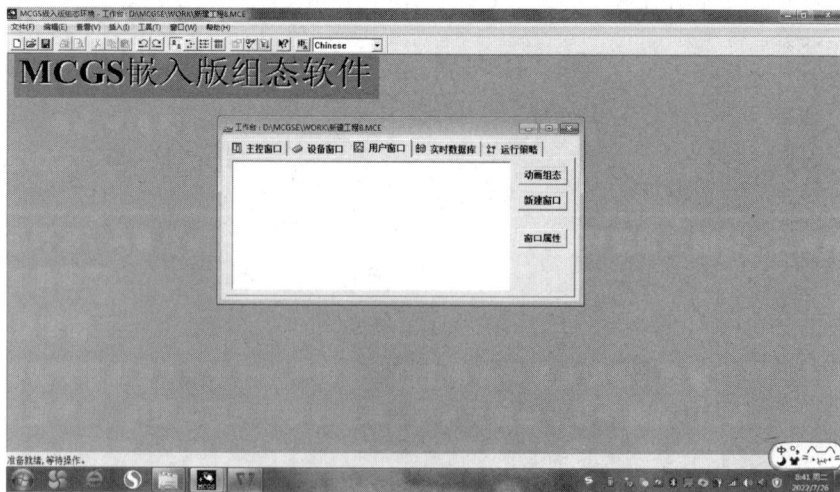

图 4-54　MCGS 组态环境－工作台

（2）根据实验内容，规划需展现的用户窗口，并新建这些用户窗口。用户窗口也可以随时添加、修改，如图 4 - 55 所示。

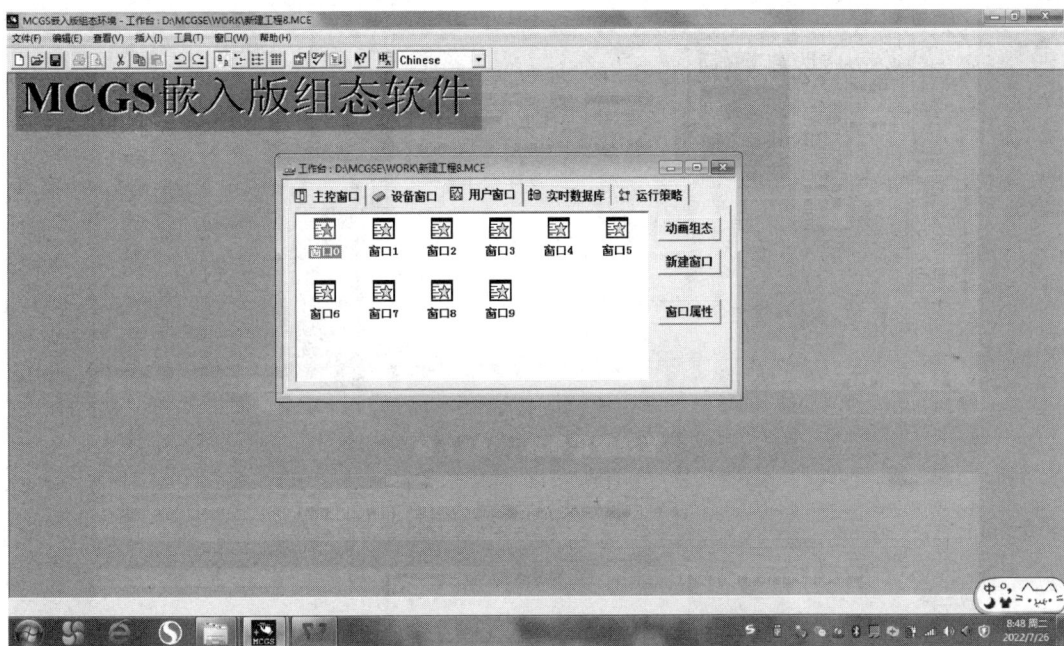

图 4 - 55　新建用户窗口

（3）右键单击新建好的窗口 0，再单击右边的用户窗口属性设置，如图 4 - 56 所示。

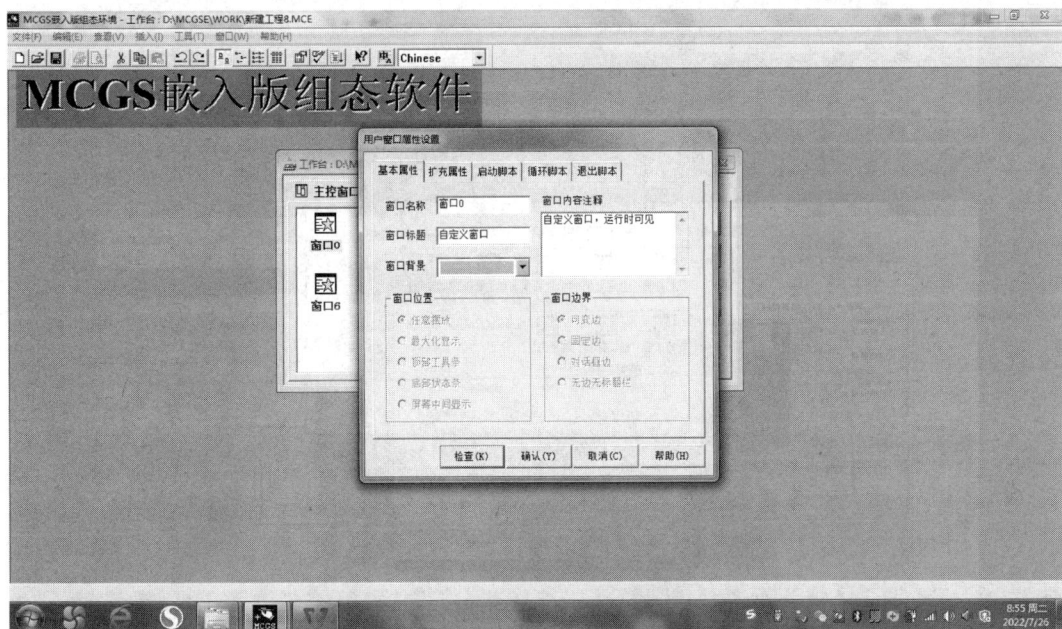

图 4 - 56　设置用户窗口的基本属性

在用户窗口属性设置窗中修改设备名称和背景颜色，如图 4 - 57 所示。

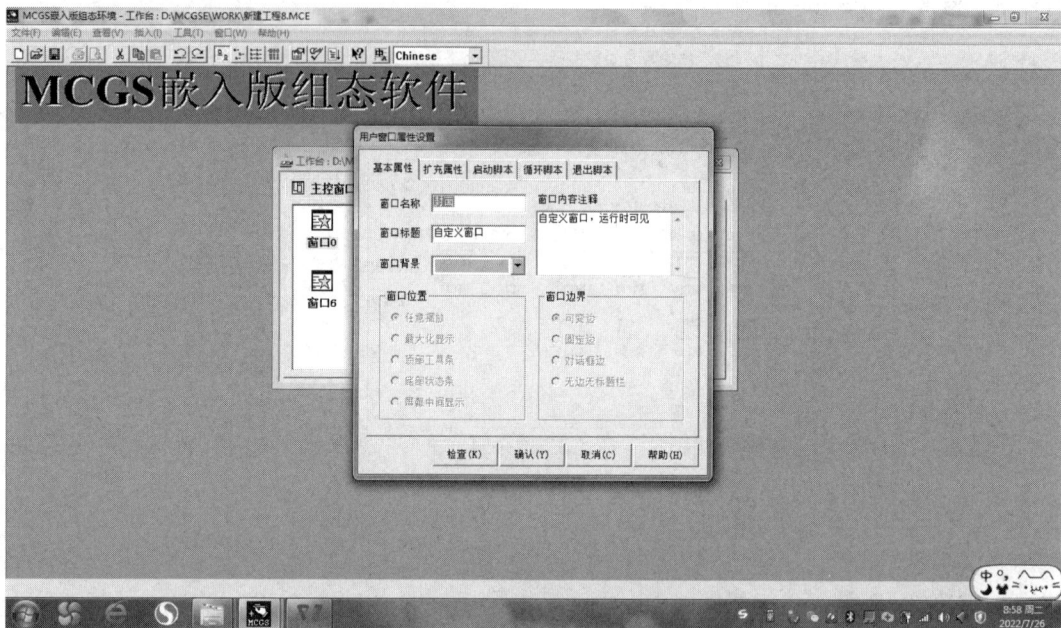

图 4 - 57　修改设备名称和背景颜色

其他的用户窗口照此方法分别修改为实验原理、实验目的、实验设备、实验步骤等，如图 4 - 58 所示。

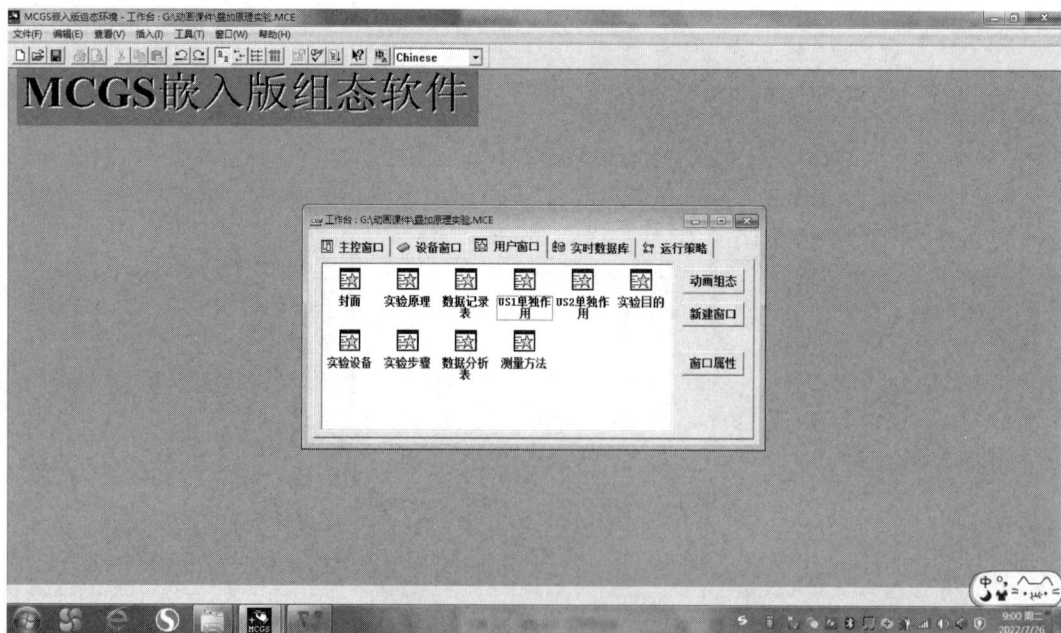

图 4 - 58　新建多个用户窗口

（4）设置启动窗口。右键单击用户封面窗口，如图 4-59 所示。在出现的子菜单中选择"设置为启动窗口"，则下载运行后，用户封面窗口将作为启动界面。

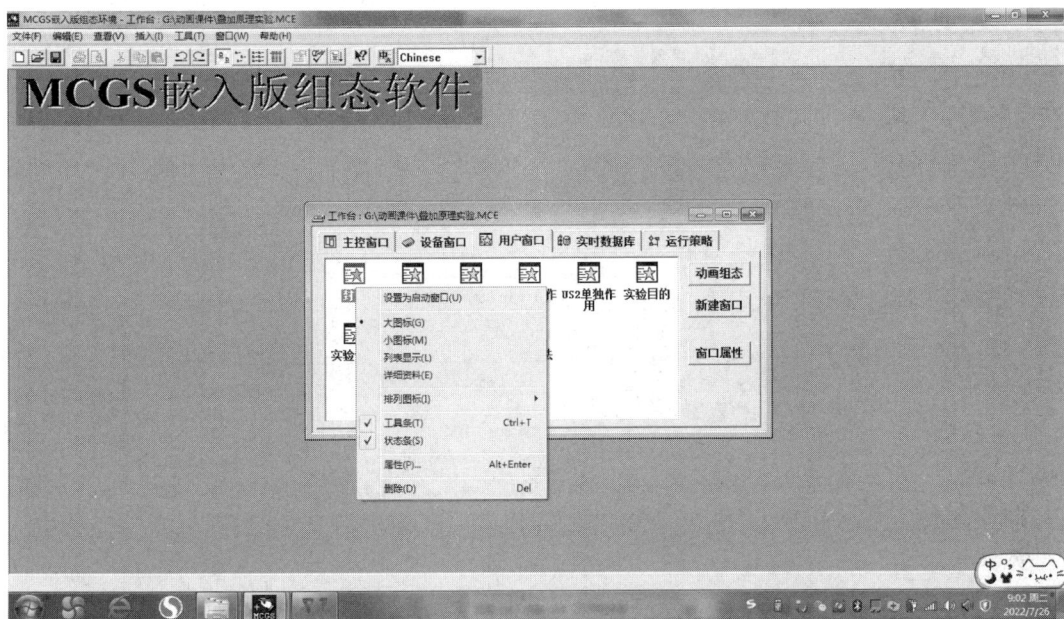

图 4-59　用户封面窗口子菜单

（5）其他用户窗口的打开和关闭。双击封面窗口，出现封面窗口的组态界面，如图 4-60 所示。

图 4-60　封面窗口的组态界面

下面介绍两种打开和关闭其他窗口的方法。

方法一：在工具箱中单击标准按钮，并在封面组态窗口中放置一个标准按钮，拖放在适当位置，调整好大小，如图 4 - 61 所示。

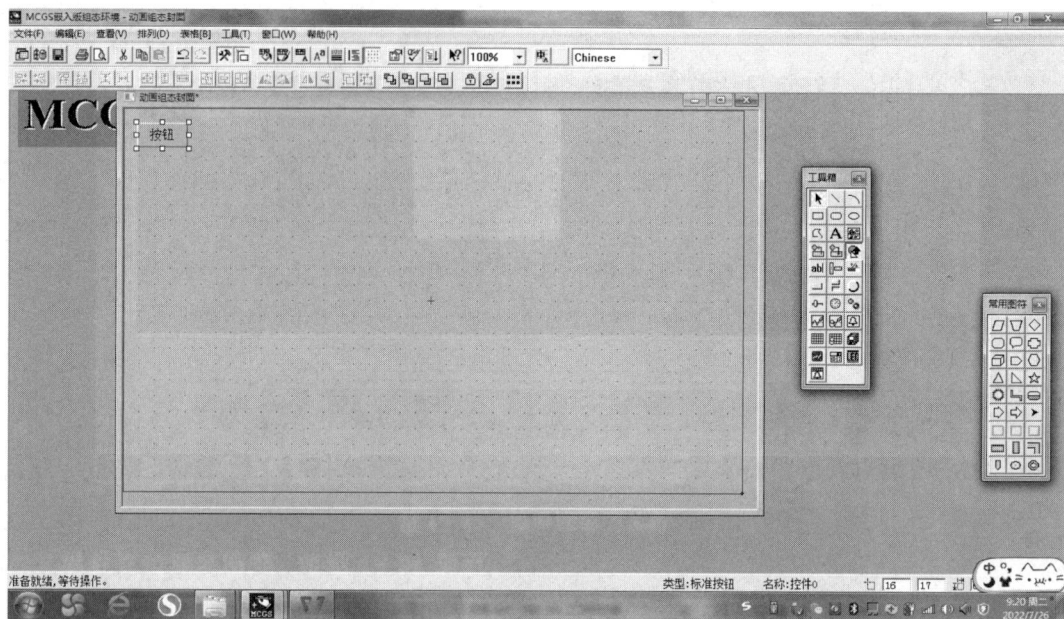

图 4 - 61　放置标准按钮

双击该标准按钮，出现该标准按钮构件属性设置对话框，如图 4 - 62 所示。

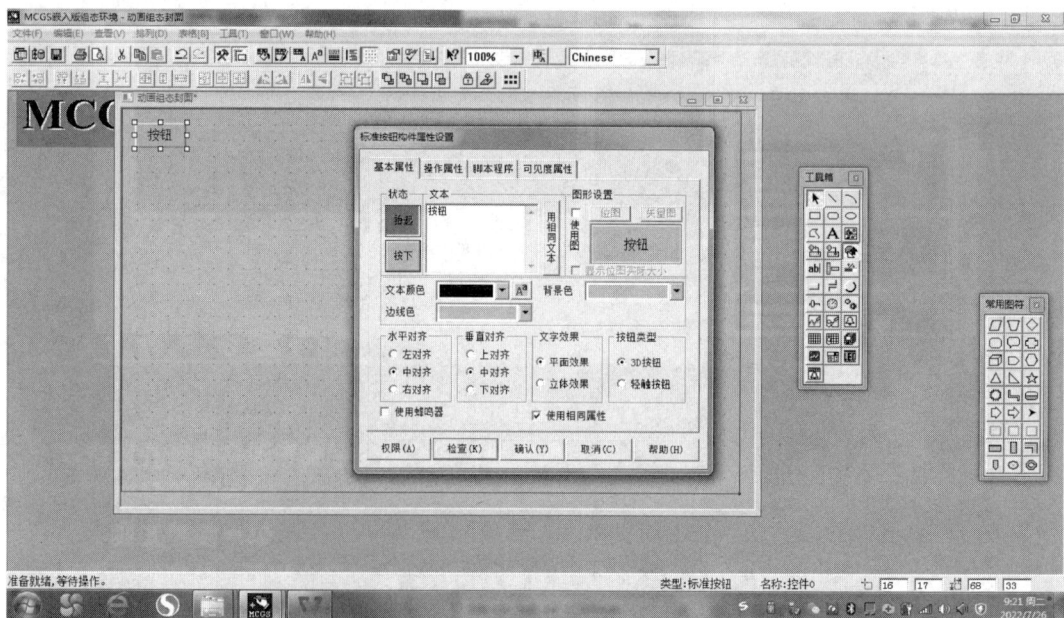

图 4 - 62　设置标准按钮属性

在标准按钮构件属性设置窗口，单击基本属性，在该界面下可以修改文本显示内容为实验目的、字体大小、颜色、背景颜色等，如图 4 - 63 所示。

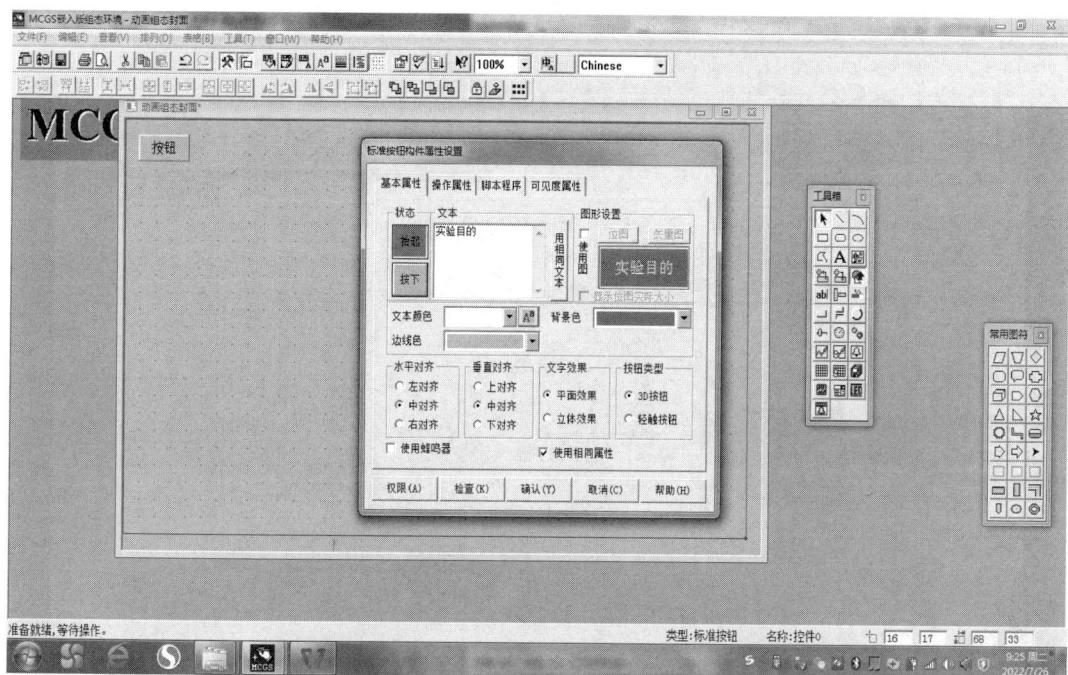

图 4-63　标准按钮构件属性设置窗口

　　然后单击操作属性，在该界面下选择按钮功能为打开"实验目的"用户窗口，单击"确认"按钮，如图 4-64 所示。设置完成后的效果如图 4-65 所示。

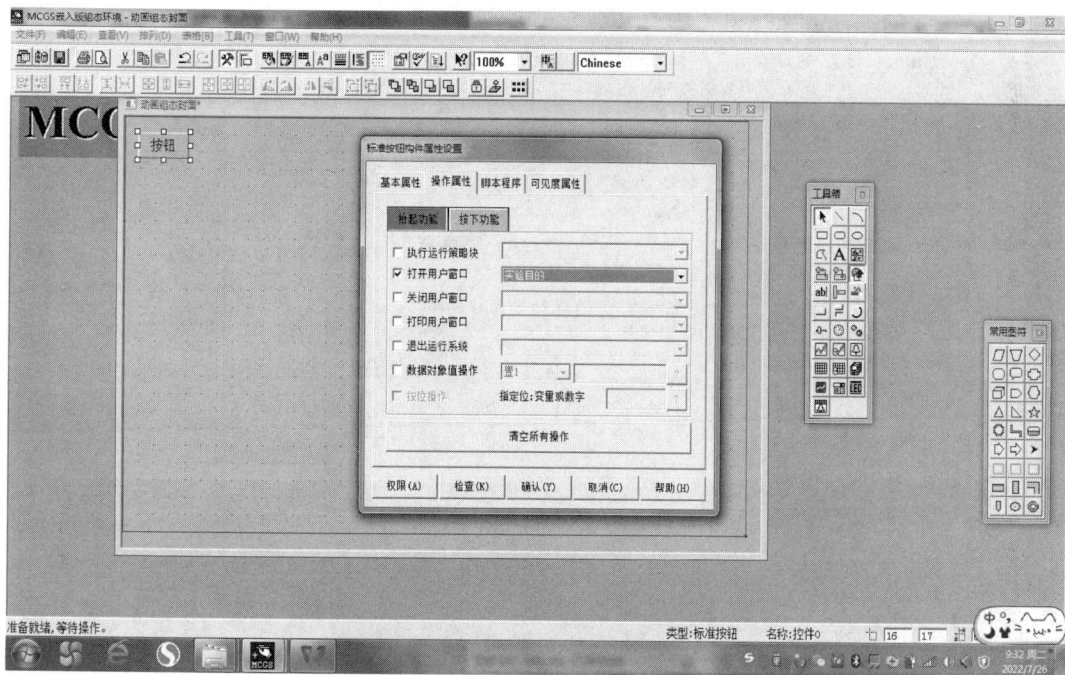

图 4-64　设置按钮操作属性窗口

图 4-65　属性设置完成后的效果图

用同样的方法，可以在封面窗口设置实验设备、实验原理、实验步骤等窗口启动按钮。

方法二：在工具箱中选择标签按钮**A**选项并放置到组态窗口中，如图 4-66 所示。

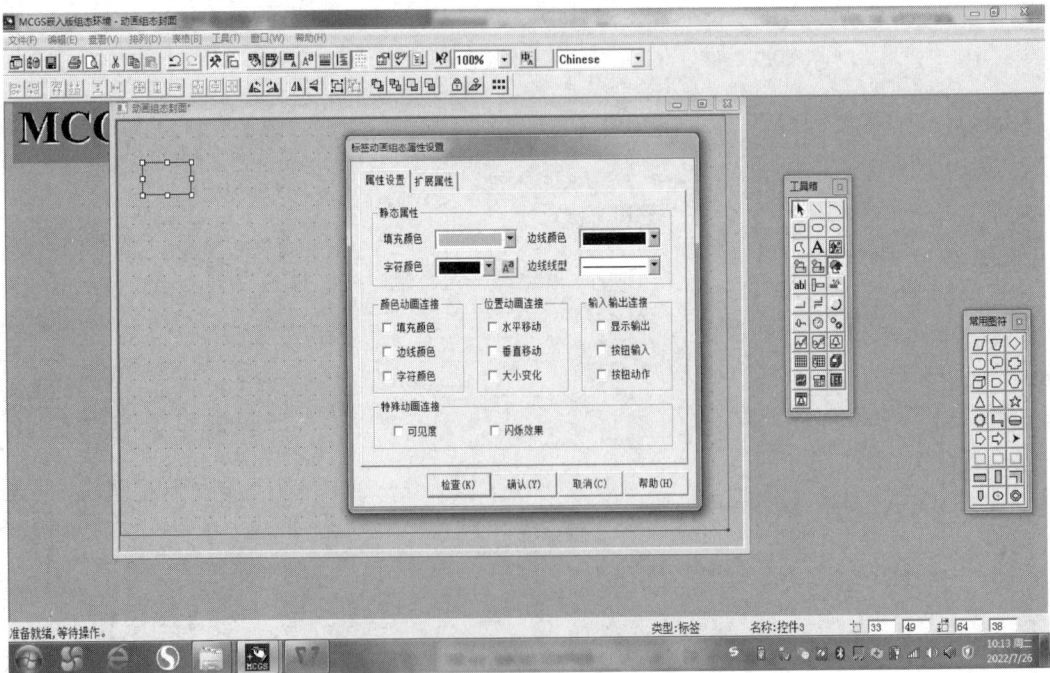

图 4-66　放置文本框

双击打开标准按钮构件属性设置窗口，在属性设置选项页中可以调整填充颜色、字符颜色、字体大小等，如图 4-67 所示。勾选按钮动作选择框，上方会出现按钮动作选项，单击该选项，如图 4-68 所示。

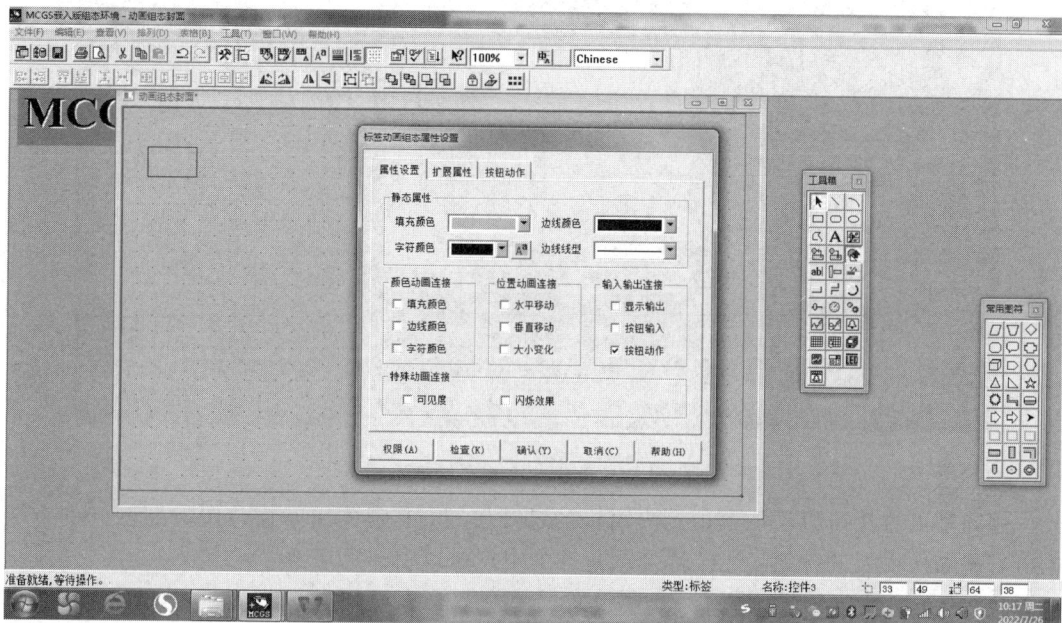

图 4-67　设置标准按钮构件属性

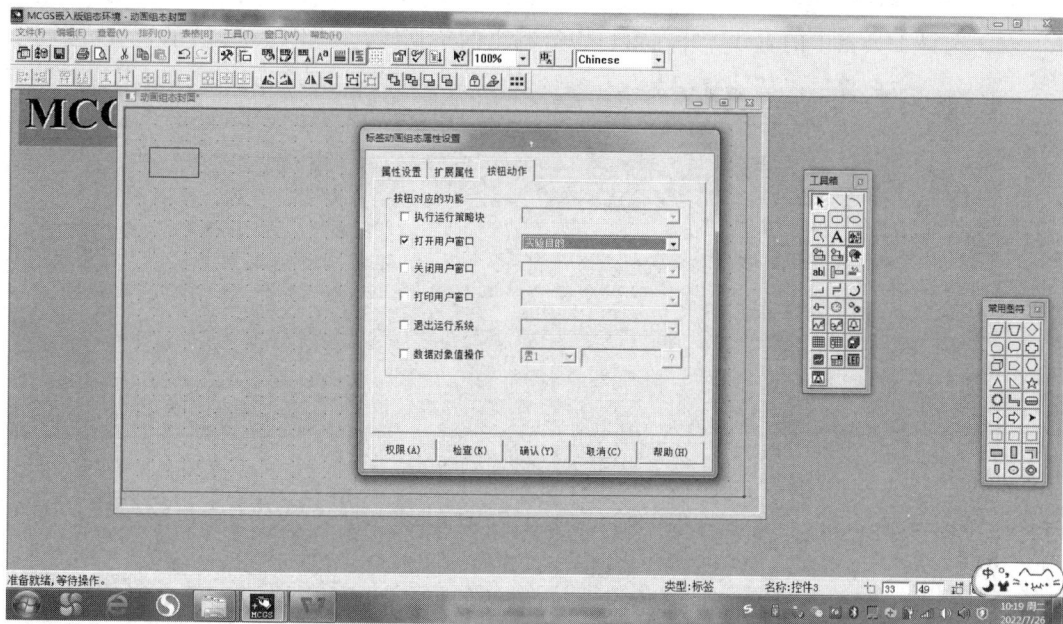

图 4-68　设置标准按钮构件动作

在按钮动作选项页中选择打开用户窗口：实验目的。在扩展属性页中添加显示文本"实验目的"，单击"确认"按钮，如图 4-69 所示。

图 4 - 69　设置标准按钮构件文本

　　用同样的方法可以添加其他用户窗口的打开按钮。其他的组态窗口中按照同样的方法也可以添加所需要的按钮，这样就可以在各个用户窗口中任意切换了。

二、组态动画窗口

1. 绘制电路原理图

（1）选择工具箱中的直线，并在窗口中绘制出四条直线，如图 4 - 70 所示。

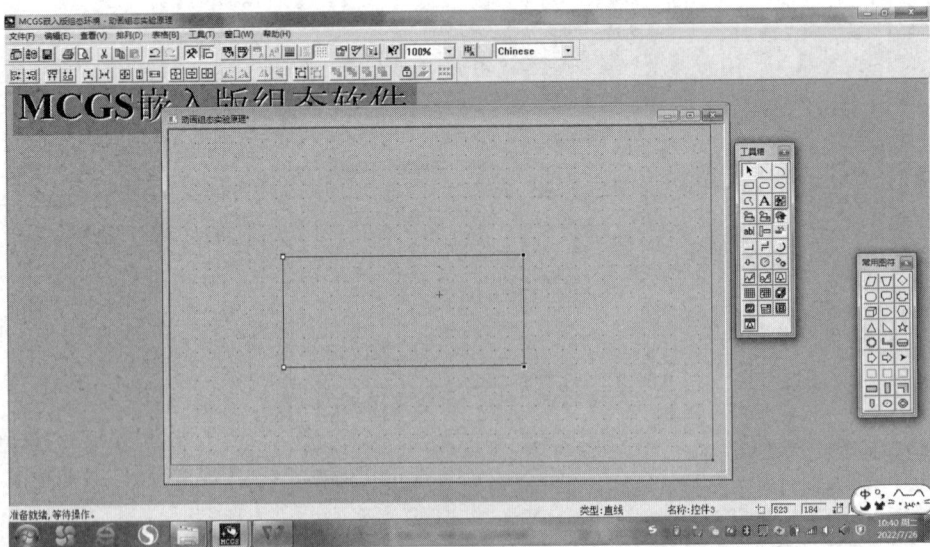

图 4 - 70　绘制线条

　　（2）双击其中的一条，在动画组态属性设置对话框中设置边线颜色、线型粗细等，如图 4 - 71 所示，其他几条直线的设置方法与此相同。

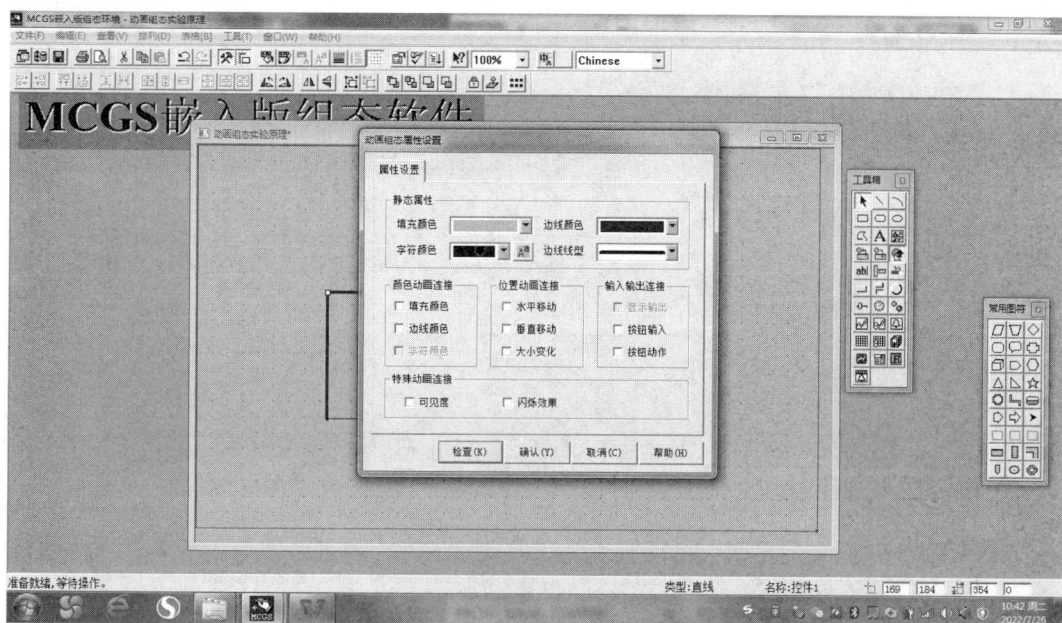

图 4 - 71　设置线条属性

（3）绘制电源。选择工具箱中的椭圆，在左边竖线上绘制一个圆，如图 4 - 72 所示。

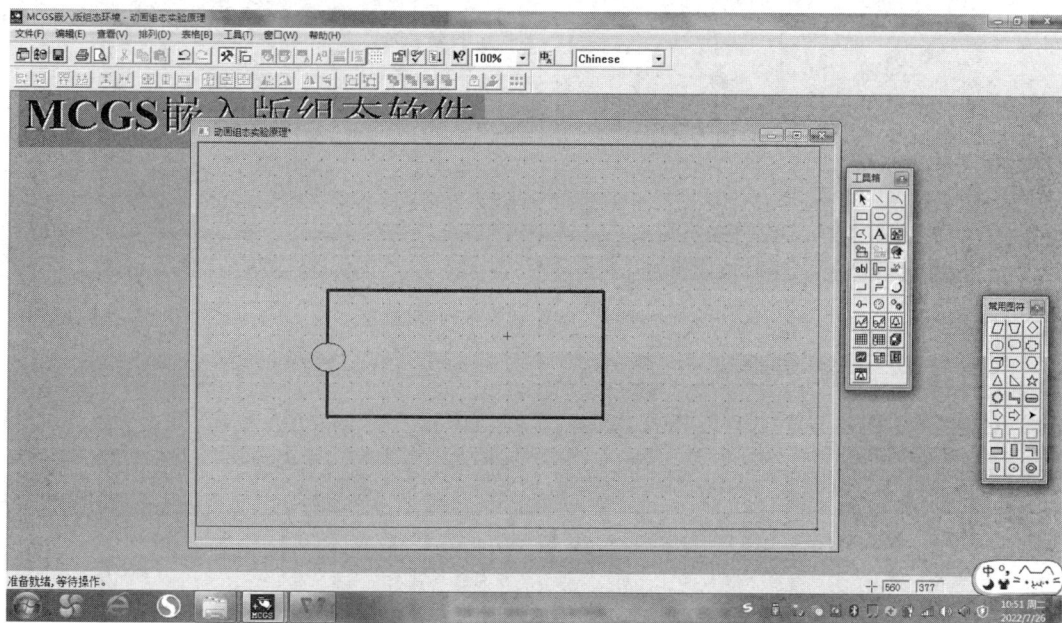

图 4 - 72　绘制电源

（4）双击该椭圆，在动画组态属性设置对话框中选择填充颜色为红色，其他线型和边线颜色按自己喜好选择。确认后可以看到，圆形盖住了直线，如图 4 - 73 所示。电源排序，右键单击该椭圆，在弹出的菜单中选择排列→最后面，如图 4 - 74 所示。

（5）绘制电源的正负极，单击标签**A**按钮，在椭圆的旁边添加"＋"，如图 4 - 75 所示。

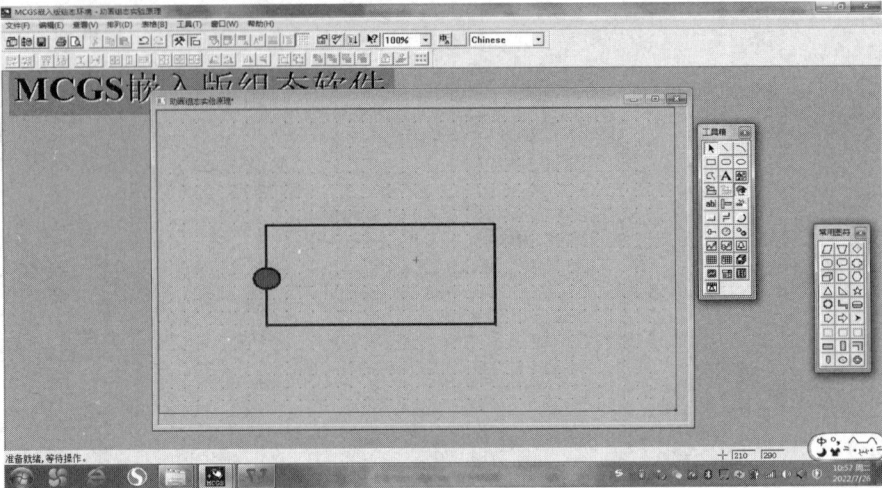

图 4-73 设置图形属性

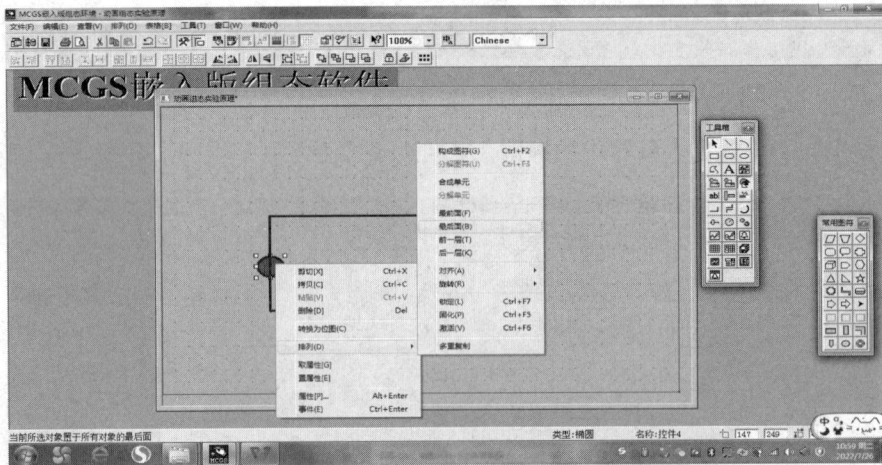

图 4-74 设置电源排列顺序

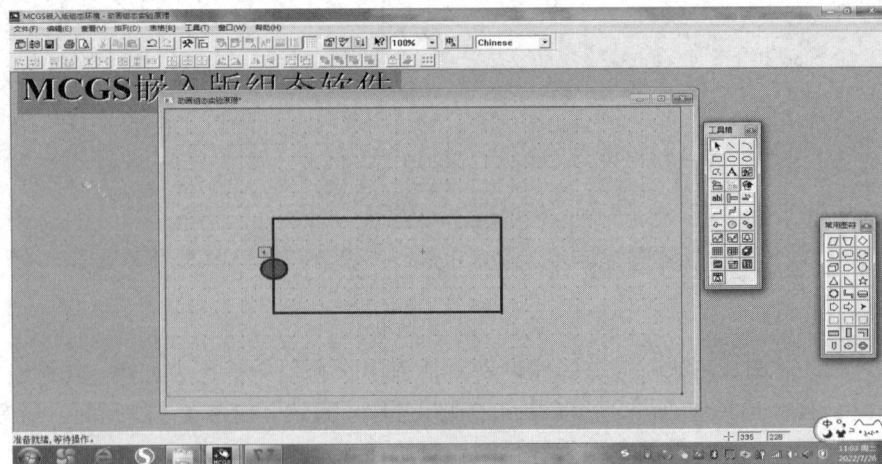

图 4-75 绘制电源的正负极

（6）设置电源正负极标号属性。双击该加号，在动画组态属性设置对话框中设置填充颜色为浅灰色，边线颜色为没有边线，字符颜色为红色，字体大小为小四等，如图4-76所示。用同样的方法绘制右边电源。

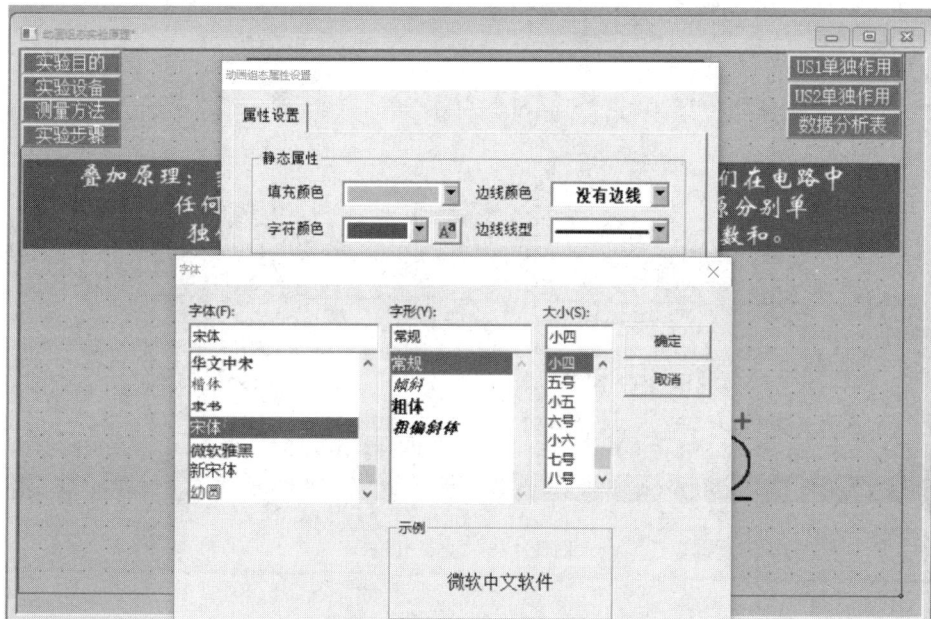

图 4-76　设置电源正负极标号属性

（7）鼠标左键按住加号，同时按下"Ctrl"键，将加号复制拖动到椭圆下边，按空格键，将加号修改为"－"，并修改字符颜色为黑色。

（8）设置位图。同时选中竖线、椭圆、"＋"、"－"，单击右键，选择转换为位图，如图4-77所示。

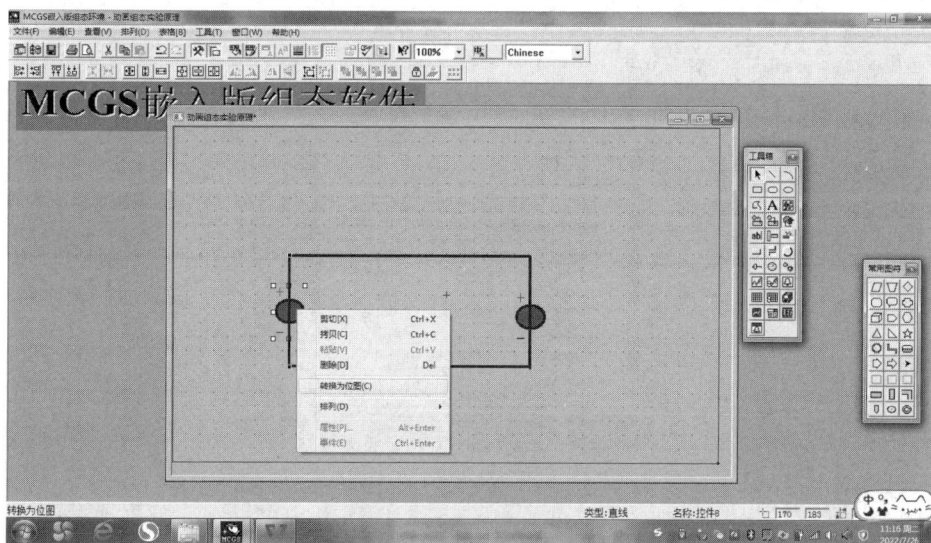

图 4-77　设置位图

（9）将这四个元素合并成一个元件，并按住 Ctrl 键用鼠标拖动到右边竖线上。电阻元件可用方框图形绘制，测试插口可用椭圆绘制，方法大同小异，如图 4 - 78 所示。

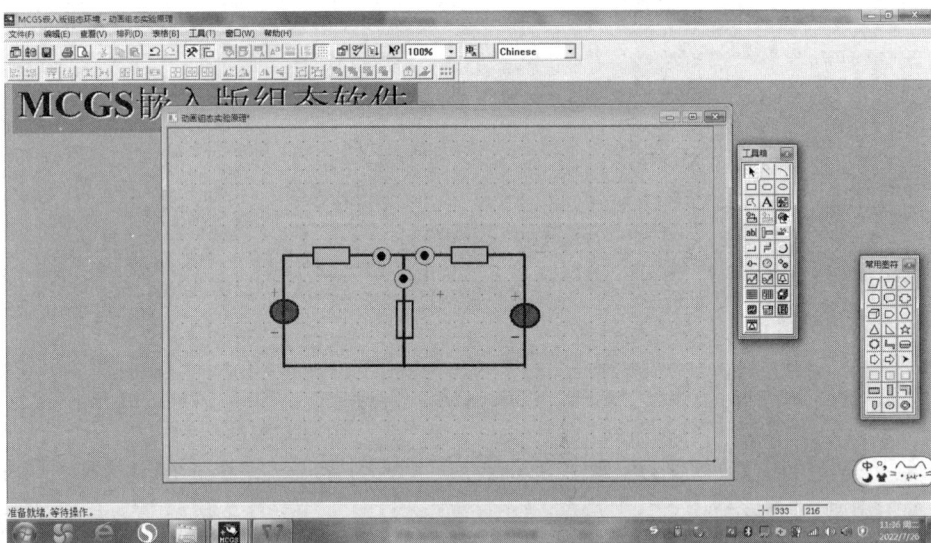

图 4 - 78　绘制电阻

2. 添加标签

绘制好电路原理图后，还需添加文字符号标签、数值显示标签。这里只以 US1 为例说明，其他元件标签的添加参照此操作即可。

在标签画面组态属性设置窗口添加标签元件，文字显示"US1"，无填充，无边线，再添加一个标签，同样无填充，无边线，勾选显示输出。在显示输出选项中选择各选项如下：表达式为"US1 数值"，勾选单位，符号为"V"；输出值类型为"数值量输出"，输出格式为"浮点输出"，小数位数为"0"，如图 4 - 79、图 4 - 80 所示。最后效果如图 4 - 81 所示。

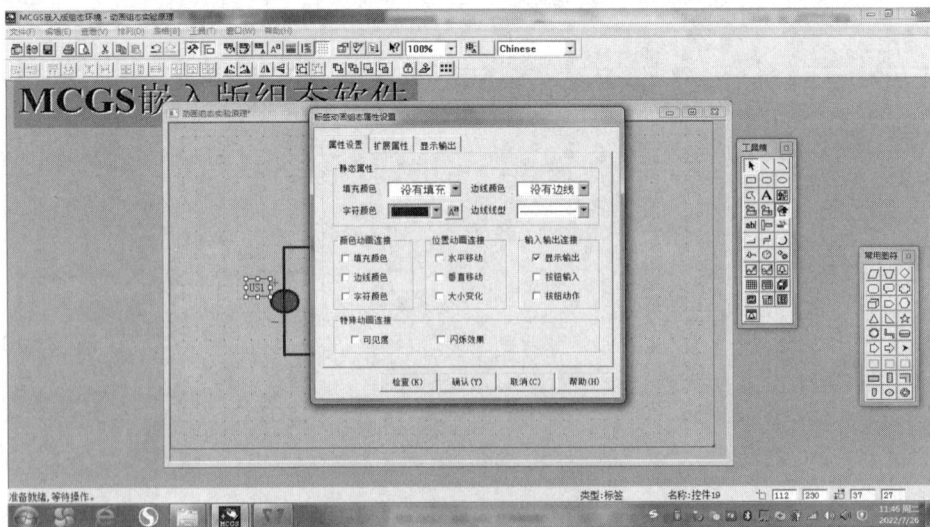

图 4 - 79　电源标签属性设置

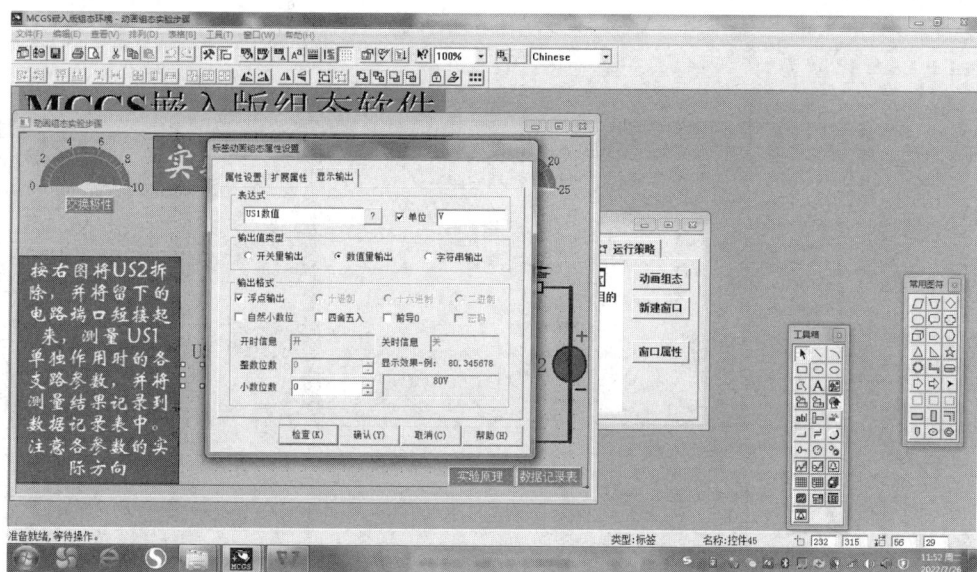

图 4 - 80 其他用户窗口电源标签属性设置

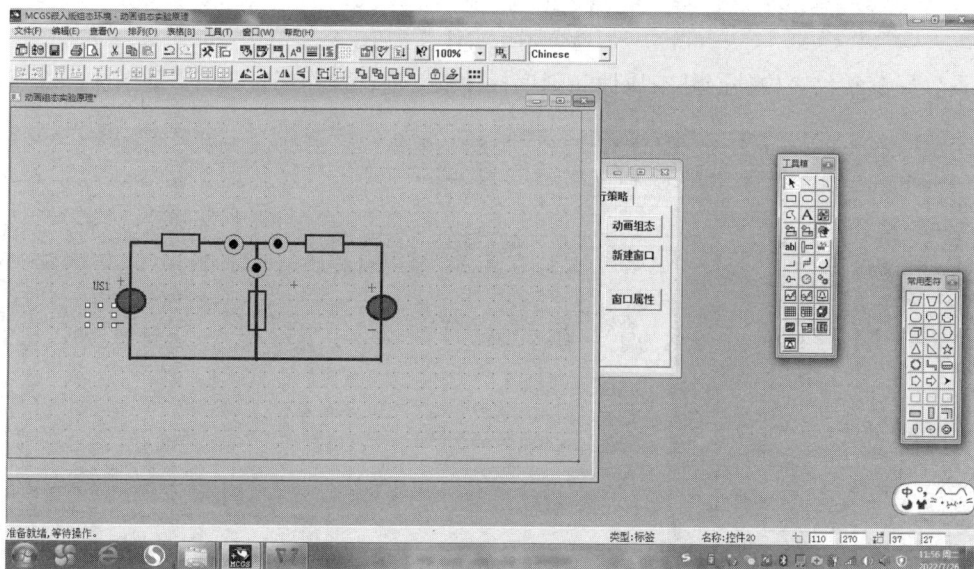

图 4 - 81 设置完成后的电路原理图的效果

三、动画的组态

动画的表现主要有各个图元的颜色变化、大小的变化、位置移动的变化、可见隐藏、闪烁的变化、旋转动作等。这里主要介绍位置移动的变化和旋转动作。

1. 旋转仪表动画

在动画组态实验原理界面中添加一个旋转仪表构件，双击打开旋转仪表构建属性设置窗口，进行旋转仪表构件的基本属性设置和标注属性设置，如图 4 - 82 所示。

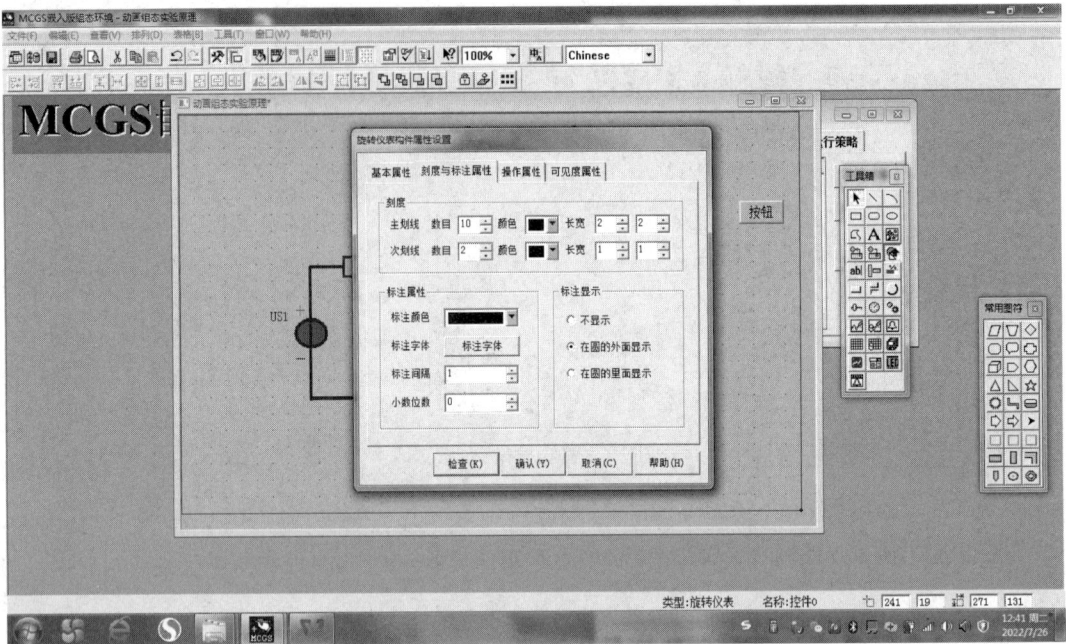

图 4-82　旋转仪表构件基本属性设置

设置好旋转仪表构件的基本属性和刻度标注后，进行操作属性设置，如图 4-83 所示。

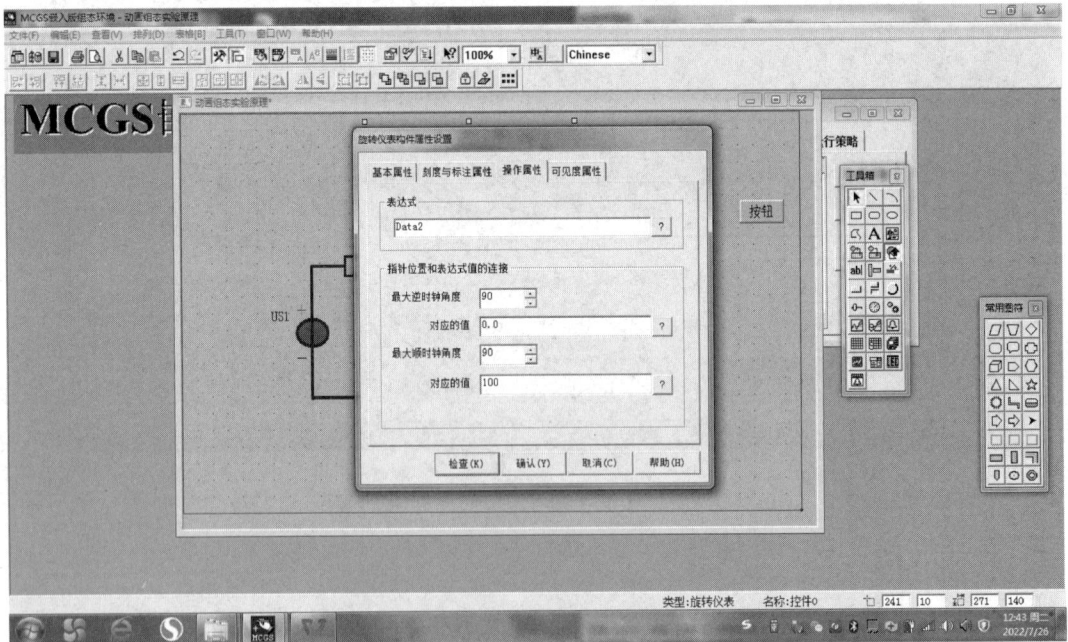

图 4-83　旋转仪表构件操作属性设置

图 4-84 中的表达式是指该仪表关联的数值型的变量。需要注意的是，本实验在测电流时，由于数值很小，需要先把该数值乘以 1000 换算成毫安后再显示，如图 4-84、图 4-85 所示。

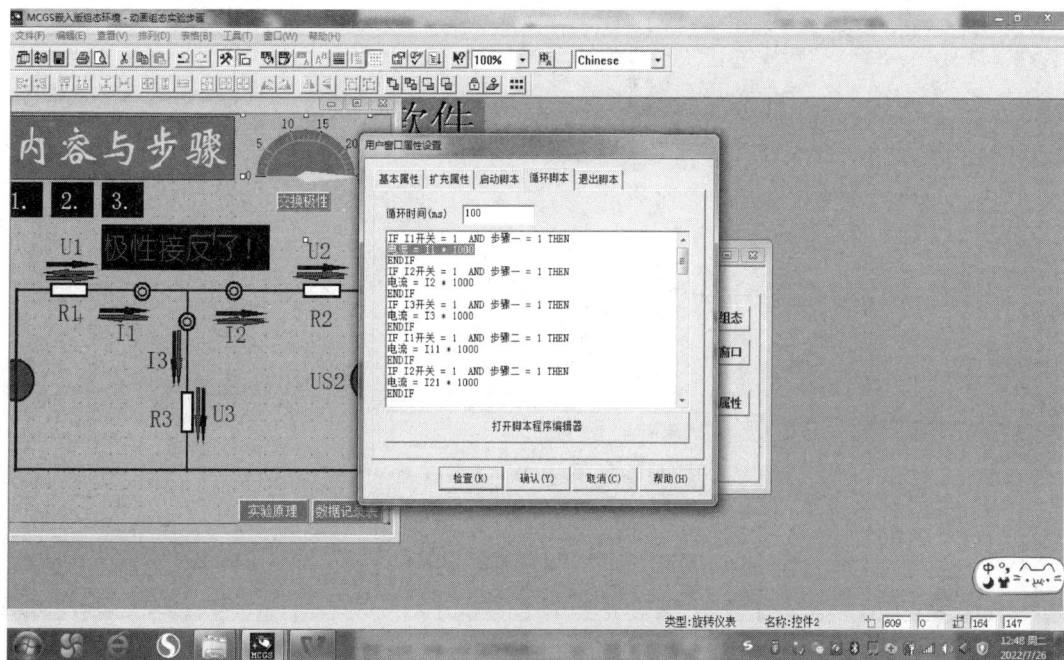

图 4 - 84　电流表的动作程序

图 4 - 85　电流表变量设置

2. 旋转动作

　　电机转轴的旋转画面，也是由旋转仪表来实现。旋转仪表其他支路上的操作属性设置如图 4 - 86 所示。

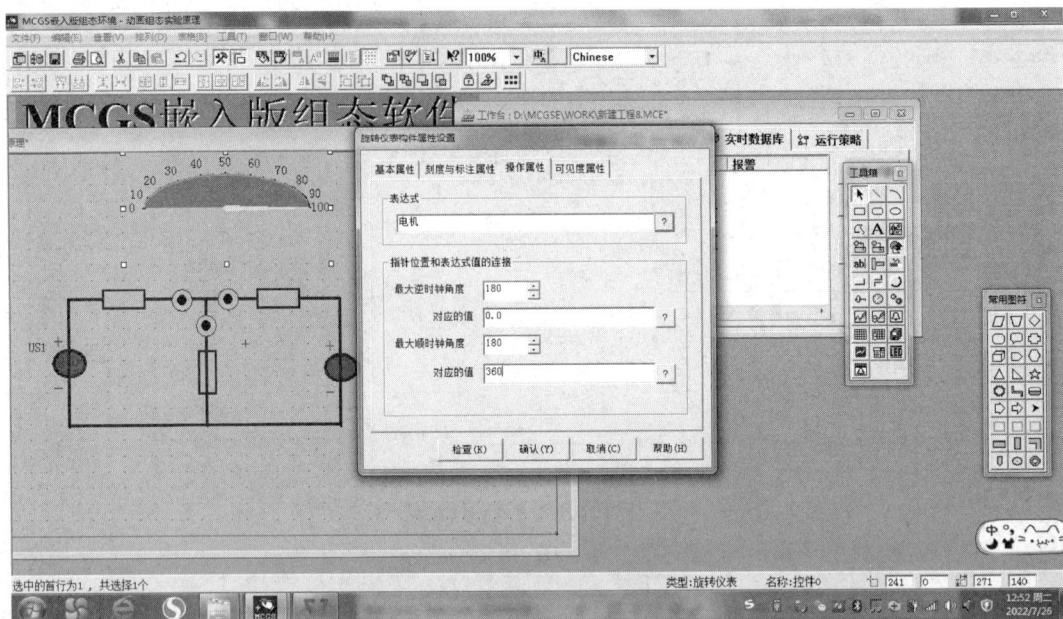

图 4 - 86　其他支路上的电流表属性设置

再编写以下一段脚本：

```
IF 开关 =1 THEN
    电机　=电机　＋10
ELSE
    电机　=电机
ENDIF

IF 电机 >= 360 THEN
    电机 =电机－360
ELSE
    电机 =电机
ENDIF
```

下载运行后，只要启动开关，指针则会顺时针旋转。若需逆时针旋转，只需将上段程序的正负号互换即可。

3. 位置移动

位置移动按移动方向可分为水平移动、垂直移动和复合移动。任意打开一个图元的动画组态属性设置窗口，只要勾选水平移动选项，该图元就会做水平移动，如图 4 - 87 所示。

若勾选垂直移动，则该图元将会做垂直方向移动，如图 4 - 88 所示。

若两个都勾选，则该图元做复合移动。同时结合各数学函数的运用，可以实现任意轨迹的移动，如图 4 - 89 所示。

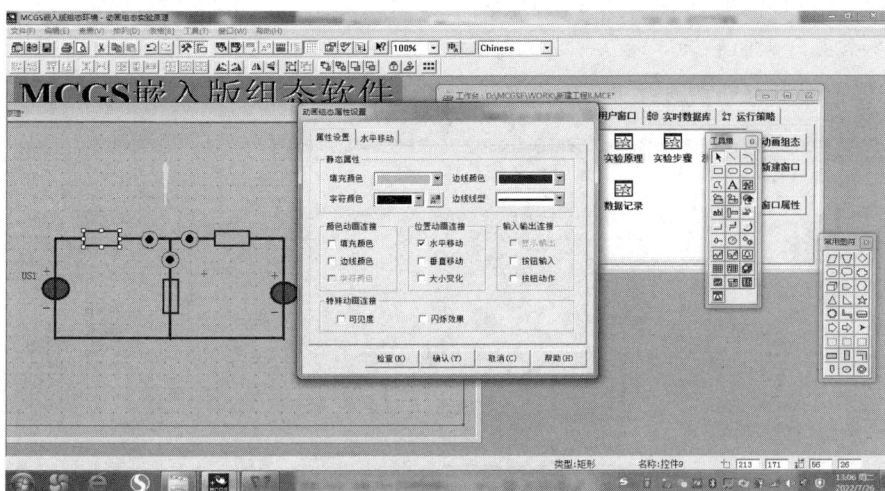

图 4 - 87　水平移动设置

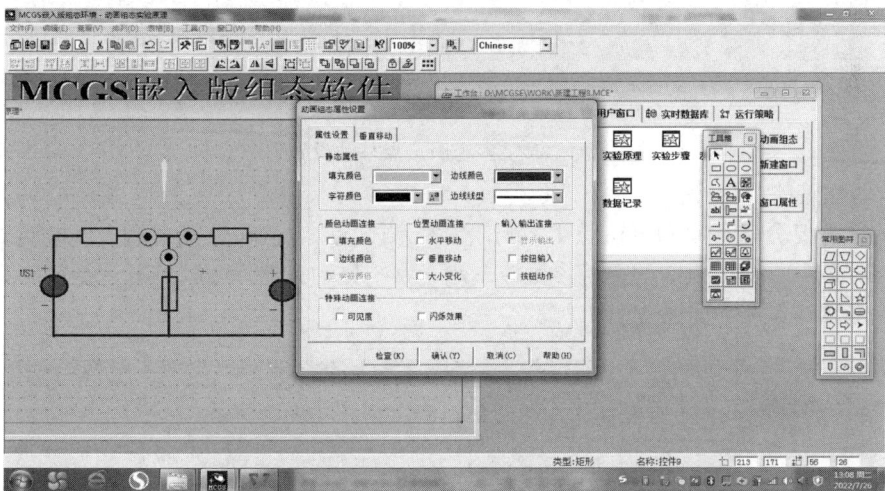

图 4 - 88　垂直移动设置

图 4 - 89　复合移动设置

位置移动按移动的方式又可以分为两种：多个固定点的移动和连续移动。

1）多个固定点的移动

（1）多个固定点移动的设置。设置方法如图 4 - 90 所示。

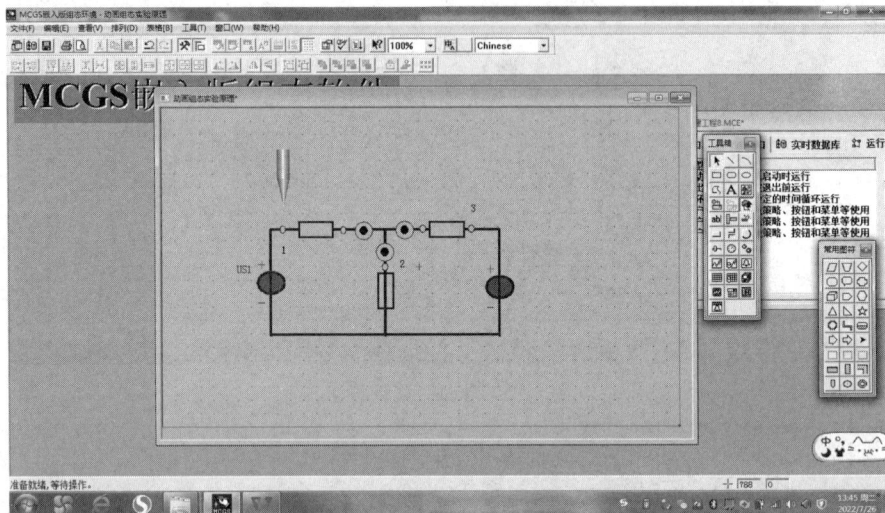

图 4 - 90　多个固定点移动设置

（2）创建策略。

测试针需要分别移动到测试点 1、测试点 2、测试点 3，测试移动过程。根据测试针、测试点 1、测试点 2、测试点 3 的坐标参数，先建立 3 个移动策略，然后单击运行策略，在策略窗口再单击新建策略，如图 4 - 91 所示。

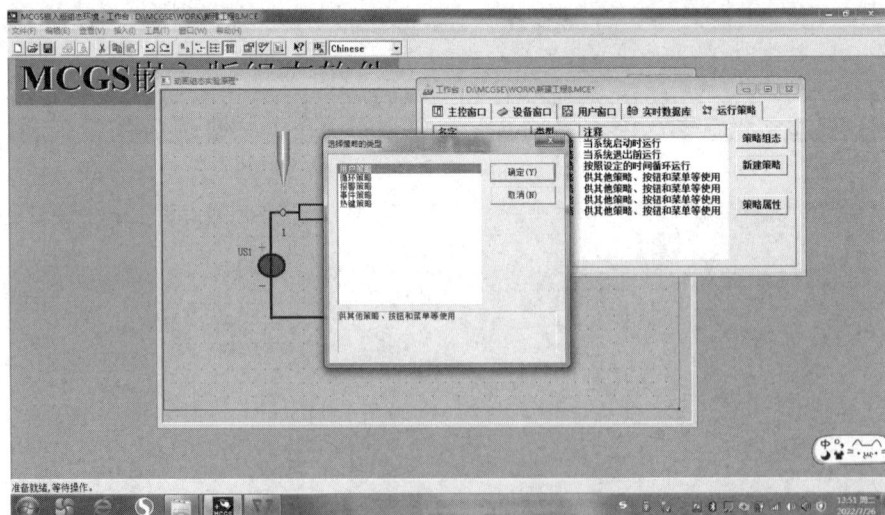

图 4 - 91　选择策略类型

选择用户策略并确认，如图 4 - 92 所示。

在运行策略窗口中会出现策略 1 策略行，双击该策略行，在弹出的策略组态窗口中双击策略图标，在弹出的策略属性设置菜单将策略名称改为测试点 1，如图 4 - 93 所示。

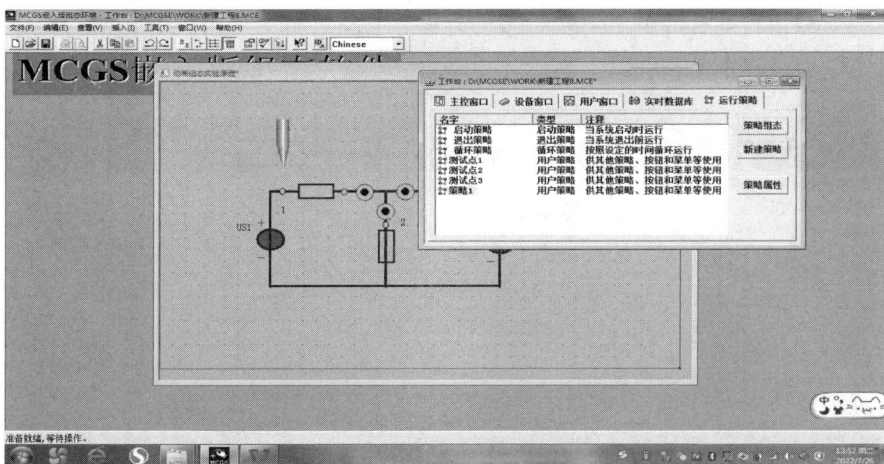

图 4 - 92　用户策略窗口

图 4 - 93　运行策略窗口

在运行策略窗口右键单击策略图标，选择增加策略行，如图 4 - 94 所示。

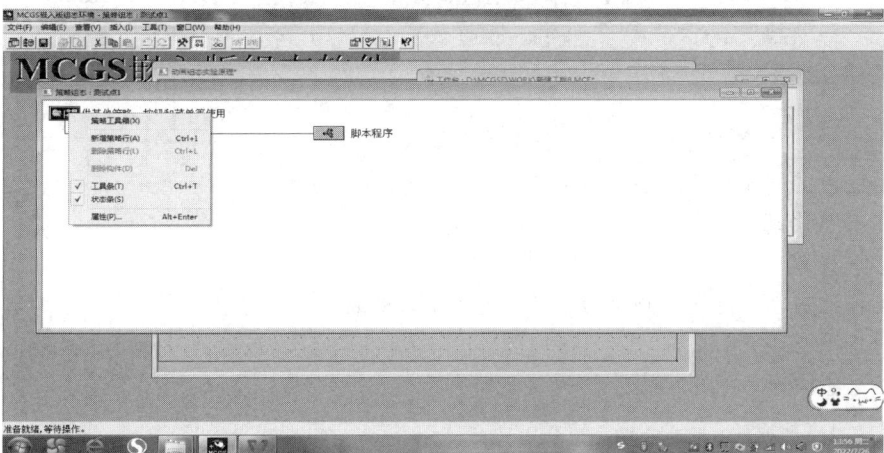

图 4 - 94　新增策略行

在运行策略窗口，右键单击策略行末的方框，选择策略工具箱，如图 4-95 所示。

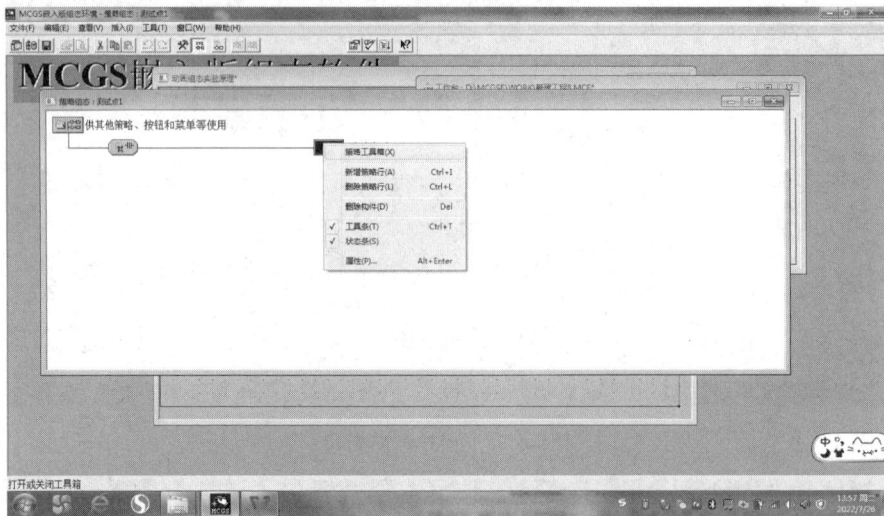

图 4-95　选择策略工具箱

然后双击脚本程序，如图 4-96 所示。

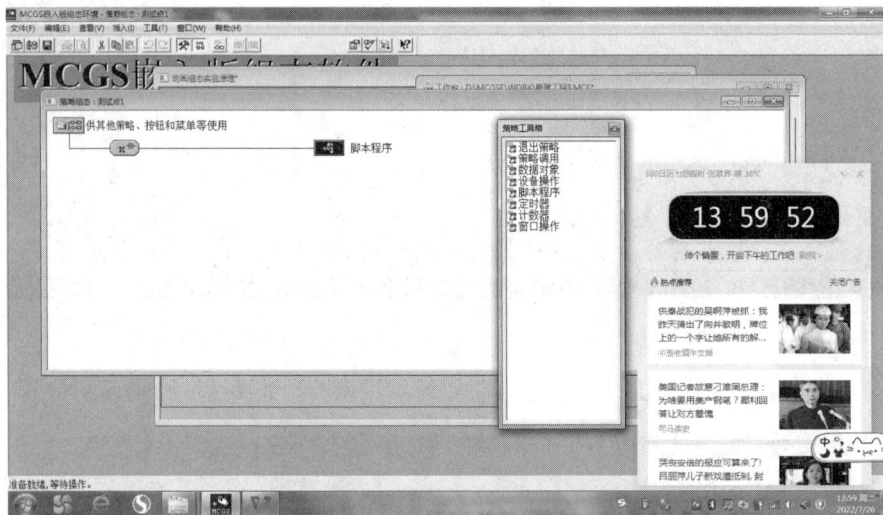

图 4-96　策略工具箱菜单

双击蓝色的脚本程序图标，进入脚本程序编辑框，写入：

　　　水平移动＝0

　　　垂直移动＝70

用同样的方法，再建立测试点 2、测试点 3 的策略，分别写入：

　　　水平移动＝154

　　　垂直移动＝126

和

　　　水平移动＝287

　　　垂直移动＝70

（3）标签属性设置。在用户窗口组态画面中，设置标签 1 的属性为按钮动作，如图 4-97 所示。

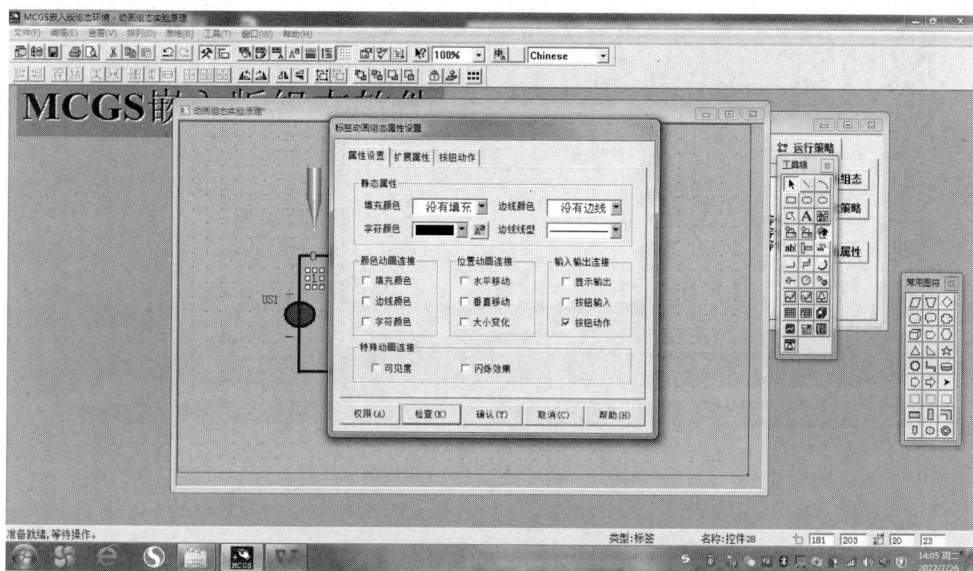

图 4-97　设置标签属性

在按钮动作属性中选择执行运行策略块为测试点 1，如图 4-98 所示。

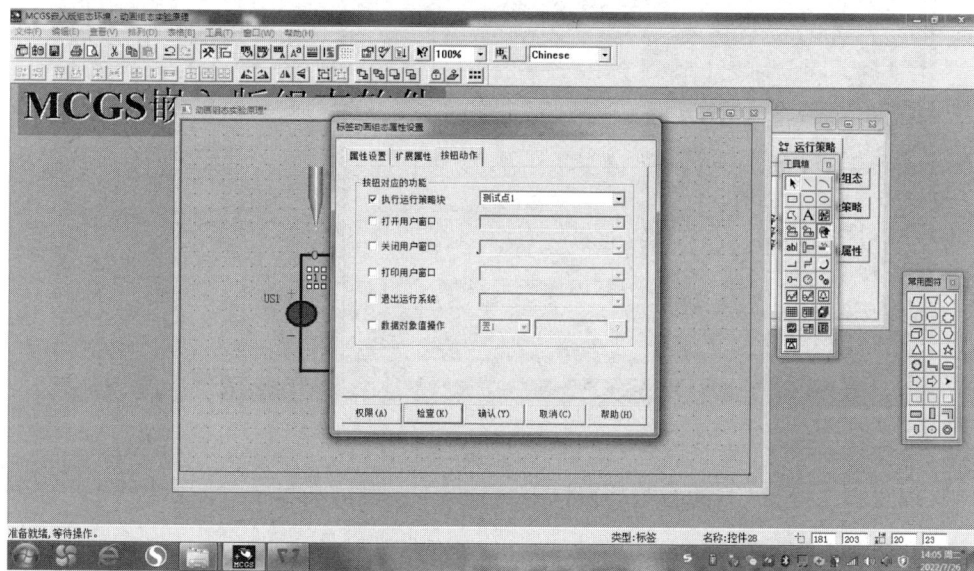

图 4-98　按钮动作属性

用同样的方法设置测试 2 点和测试 3 点。下载运行后，点击测试点 1，2，3，就可以看到测试棒在 3 个点上移动。

2）连续的移动

（1）连续移动设置。打开图元动画组态属性设置窗口，勾选水平移动和垂直移动，如图 4-99 所示。

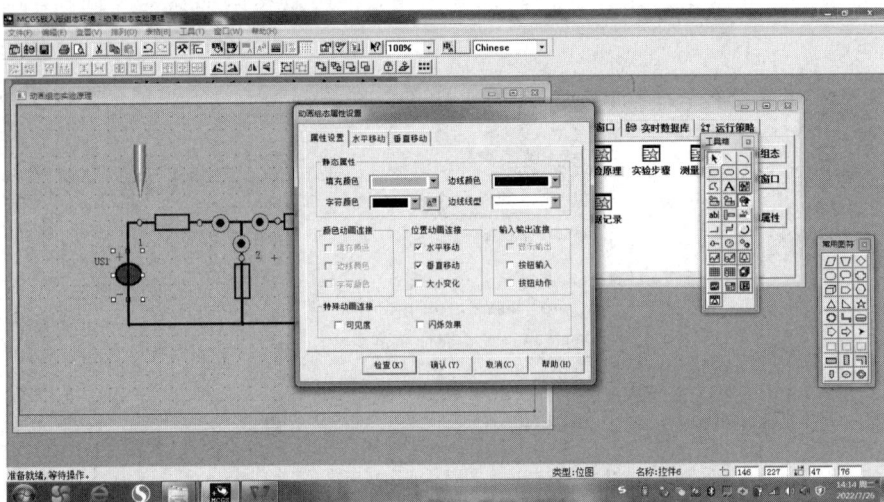

图 4-99　连续移动的设置

（2）偏移量设置。分别在水平移动和垂直移动选项框中选择关联变量"水平移动"和"垂直移动"，填写最大移动偏移量，比如设置最大偏移量为 10 mm，如图 4-100 所示。

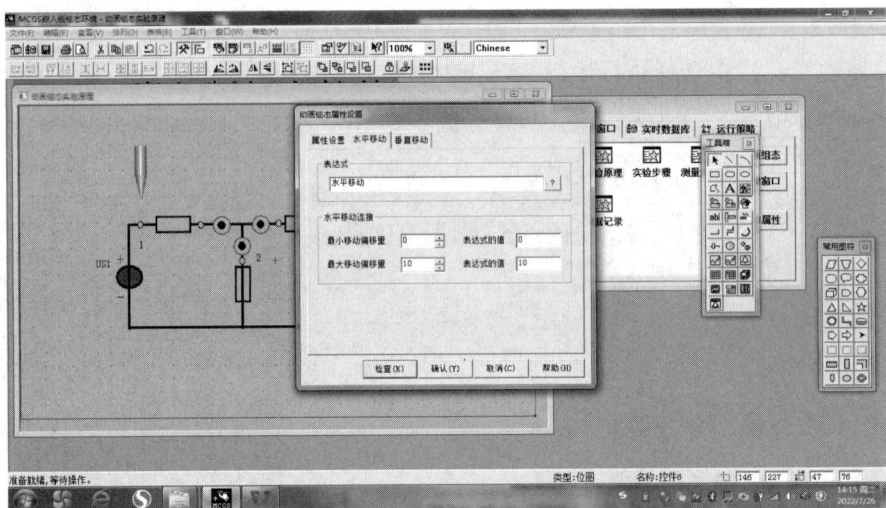

图 4-100　偏移量设置

（3）编写脚本程序。在运行策略窗口中编写以下一段脚本程序：

```
IF 开关 =1 THEN
    水平移动 =　水平移动 + 5
    垂直移动 = 垂直移动 + 3
ELSE
    水平移动 =　水平移动
    垂直移动 = 垂直移动
ENDIF
```

下载运行后，点击按钮，就可以看到相应的图元连续移动。

第五章
电路实验

实验一 仪器仪表使用练习

一、实验目的

（1）学习实验守则及实验室规章制度，了解实验室电源配置情况。

（2）掌握常用仪器仪表的使用方法。

（3）学习电阻串、并联的连接方法，掌握分压、分流关系。

二、实验原理

（1）直流稳压电源及万用表的使用，详细内容见第二章第一节、第六节。

（2）电阻的串、并联。

电阻串联时，各电阻中流过的是同一电流，其总电压等于各电阻的分电压之和，等效电阻等于各电阻之和。

电阻并联时，各电阻两端电压相等，其总电流等于各电阻的分电流之和，等效电阻的倒数等于各电阻的倒数之和。

三、主要设备与器件

实验所用的主要设备与器件如表 5-1 所示。

表 5-1 主要实验设备与器件

设备与器件	型　号	数　量
直流稳压电源	GPE-3323C	1 台
万用表	MF500 型	1 块
直流电流表	C19-mA	1 块
电阻箱	ZX21	2 个
实验板	自制	1 个

四、实验内容与步骤

（1）直流稳压电源使用练习。

（2）用万用表的交流电压挡测量插座板上电源电压值。

（3）用万用表的直流电压挡测量直流稳压电源的输出电压值。

按表 5 - 2 中的内容进行测量，并将测量数据记入表 5 - 2 中。

表 5 - 2　测量直流稳压电源实验数据

被测 电压/V	万用表 量程/V	万用表旋钮位置		第几行 刻度线	面板 读数	电压 实际值
		左	右			
220～	250～					
28	50					
14.5	50					
8	10					
5.4	10					
3.2	10					
1.4	2.5					

（4）电阻串联线路的测量。

① 按图 5 - 1 所示实验线路（图中 ◎ 表示电流表接入点）连线，其中 $R_1 = 50\ \Omega$，$R_2 = 100\ \Omega$，$U_S = 6$ V。

② 检查无误后，将 6 V 电源接入线路。

③ 分别测量或计算 I、U_1、U_2 的值，并将值记入表 5 - 3 中。

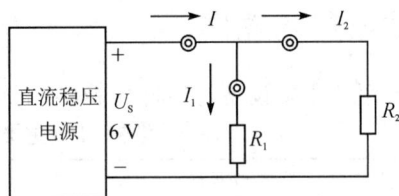

（5）电阻并联线路的测量。

① 按图 5 - 2 所示的实验线路连接好线路，其中 $R_1 = 300\ \Omega$，$R_2 = 200\ \Omega$，$U_S = 6$ V。

② 检查无误后，将 6 V 电源接入电路。

③ 分别测量 I、I_1、I_2 的值，并将值记入表 5 - 3 中。

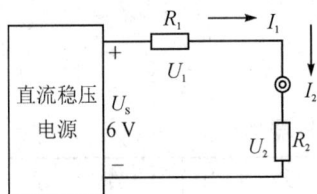

图 5 - 1　电阻串联线路　　　　　图 5 - 2　电阻并联线路

表 5 - 3　电阻串并联实验数据

测 量 值	I/mA	I_1/mA	I_2/mA	U_S/V	U_1/V	U_2/V
串联电路						
并联电路						

五、分析与讨论

（1）直流稳压电源使用的主要四步骤是什么？

（2）万用表使用的三大基本原则是什么？

（3）本次实验小结。

六、预习要求

预习直流稳压电源及万用表的基本知识，详细内容见第二章第一节、第六节。

实验二 // 基尔霍夫定律

一、实验目的

（1）掌握看图接线的方法。

（2）进一步掌握直流稳压电源的使用及电流、电压的测量方法。

（3）掌握万用表的使用方法。

二、实验原理

基尔霍夫定律是电路理论中最基本的定律之一，它阐明了电路整体结构必须遵循的规律。基尔霍夫定律包含电流定律（简称 KCL）和电压定律（简称 KVL）。

（1）电流定律：在任何一个瞬时，流入电路中任何一个节点的电流代数和恒等于零，即 $\sum I = 0$。运用这一定律时必须注意电流的方向。

（2）电压定律：在任何一个瞬时，任何一闭合回路内的各段电压降的代数和恒等于零，即 $\sum U = 0$。

（3）看图接线的一般方法：对于任意一个较为复杂的电路，先将整个电路分解成一个个单元电路，再对选定单元电路从左至右依次进行有序连接，如先接串联再接并联；在连接时一般先从电源的一端开始，完成一个单元回路连接后，要检查是否正确，完全正确后再进行下一个单元回路的连接；在接下一个单元回路时，一定要找到此单元回路的起始特征点。

三、主要设备与器件

实验所用的主要设备与器件如表 5 - 4 所示。

表 5 - 4　主要实验设备与器件

设备与器件	型　　号	数　量
直流稳压电源	GPE - 3323C	1 台
万用表	MF500 型	1 块
直流电流表	C21 - mA（15/30 mA）	1 个
电阻箱	ZX21	3 个
实验板	自制	1 个

四、实验内容与步骤

（1）按图 5 - 3 所示的实验线路接线，其中：

$$U_{\mathrm{S}}=10\ \mathrm{V},\ \begin{cases}① R_1=200\ \Omega,\ R_2=300\ \Omega,\ R_3=600\ \Omega\\② R_1=500\ \Omega,\ R_2=600\ \Omega,\ R_3=1000\ \Omega\end{cases}$$

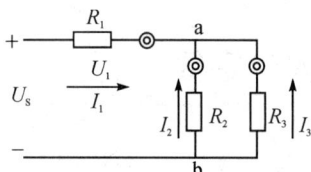

图 5 - 3　基尔霍夫定律实验线路

（2）分别测量或计算两组数据下电路中的 I_1、I_2、I_3 及 U_{S}、U_1、U_{ab} 的值，结果分别填入表 5 - 5、表 5 - 6 中。

表 5 - 5　基尔霍夫定律实验数据（一）

类　别		项　　目					
		$U_{\mathrm{S}}/\mathrm{V}$	U_1/V	U_{ab}/V	I_1/mA	I_2/mA	I_3/mA
理论值		10					
仪表测量	量程选择						
	面板读数						
	实　际　值						
	误差（γ）						

表 5 - 6　基尔霍夫定律实验数据（二）

类　别		项　　目					
		$U_{\mathrm{S}}/\mathrm{V}$	U_1/V	U_{ab}/V	I_1/mA	I_2/mA	I_3/mA
理论值		10					
仪表测量	量程选择						
	面板读数						
	实　际　值						
	误差（γ）						

五、分析与讨论

（1）计算测量结果的准确度 γ（γ 为相对误差）。

（2）根据实验数据验证基尔霍夫定律。

（3）看图接线的一般原则是什么？

（4）根据 ZX21 电阻箱的额定电流值进行计算，实验中电路允许施加的最大电压 U_S 为多少？（以第②组电路参数为例进行计算）

六、预习要求

根据电路参数计算理论值（电流以 mA 为单位）。

实验三 // 叠 加 原 理

一、实验目的

（1）验证叠加原理。
（2）熟练掌握常用仪器仪表的使用方法。
（3）熟练掌握实验板的接线方法。

二、实验原理

叠加原理：当几个电源共同作用于某个线性电路时，它们在电路中任何一条支路上产生的电流或电压等于这些电源分别单独作用时，在该支路上产生的电流或电压的代数和。这些电源单独作用时，必须对电路中的其他电源做除源处理（电压源短路，电流源开路，但保留其内阻）。若电路是非线性的，或计算线性电路中的功率，叠加原理是不适用的。

三、主要设备与器件

实验所用主要设备与器件如表 5 - 7 所示。

表 5 - 7　主要实验设备与器件

主要设备与器件	型　　号	数　　量
直流稳压电源	GPE - 3323C	1 台
直流电流表	C21 - mA(15/30 mA)	1 块
万用表	MF500	1 个
电阻箱	ZX21	3 个
实验板	自制	1 个

四、实验内容与步骤

（1）按图 5 - 4 所示的实验线路接线，其中，$U_{S1} = 8$ V，$U_{S2} = 5$ V，$R_1 = 510$ Ω，$R_2 = 300$ Ω，$R_3 = 200$ Ω。

（2）测量 U_{S1}、U_{S2} 共同作用时，各支路电流及各电阻上的电压。

（3）按图 5 - 5 所示的实验线路接线，测量 U_{S1} 单独作用时，各支路电流及各电阻上的电压。

（4）按图 5-6 所示的实验线路接线，测量 U_{S2} 单独作用时，各支路电流及各电阻上的电压。所有测量或计算数据记入表 5-8 中。

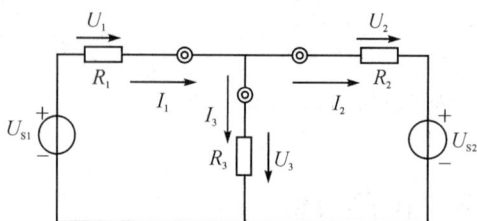

图 5-4　叠加原理实验线路（一）

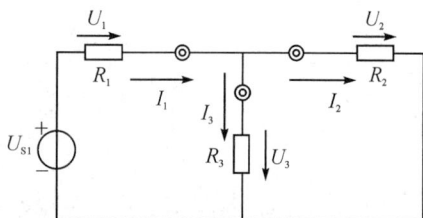

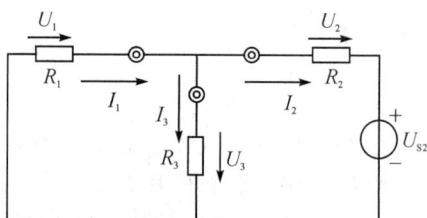

图 5-5　叠加原理实验线路（二）　　　　图 5-6　叠加原理实验线路（三）

注意：当一个电源单独作用时，另一电源去掉，若为电压源，则在线路上短路；若为电流源，则在线路上开路。

表 5-8　叠加原理实验数据

项　目	I_1/mA	I_2/mA	I_3/mA	U_1/V	U_2/V	U_3/V
U_{S1} U_{S2} 共同作用（I，U）						
U_{S1} 单独作用（I'，U'）						
U_{S2} 单独作用（I''，U''）						
$I'+I''$，$U'+U''$						
数据结果的准确度 γ						

五、分析与讨论

（1）计算并判断 $I=I'+I''$，$U=U'+U''$，$P\neq P'+P''$ 是否成立。

（2）计算各个测量数据结果的准确度（γ）。

（3）分析实验数据，给出实验结论。

（4）小结实验体会。

六、预习要求

（1）复习叠加原理。

（2）实验前，根据给定电路参数，计算测量数据的理论值。电流计算，要求精确到毫安级，保留 2 位小数。

实验四 // 有源二端网络等效参数的测定及戴维宁定理的验证（选做）

一、实验目的

（1）学习有源二端网络的开路电压和输入端电阻的测量方法。

（2）理解戴维宁定理。

（3）学会自拟实验、自选仪表、自定测试参数的方法。

二、实验原理

1. 戴维宁定理

戴维宁定理：任何一个线性有源二端网络，对它的外部而言，都可以用一个电压源与电阻相串联的支路来代替。如图 5-7 所示，该电压源的电压等于二端网络的开路电压 U_{OC}，电阻等于网络内部所有独立电压源短路、独立电流源开路时的输入端等效电阻 R_0。

戴维宁定理通常用于复杂电路的化简，特别是当"外电路"是一个变化的负载的情况，U_{OC} 和 R_0 称为有源二端网络的等效参数。

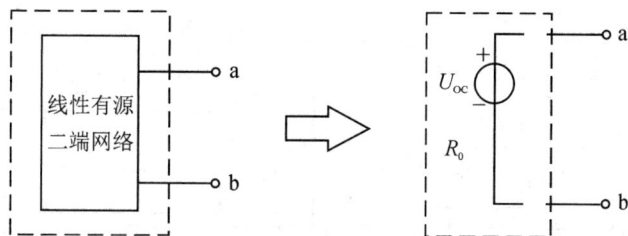

图 5-7 有源二端网络及等效电路

2. 开路电压 U_{OC} 的测量方法

1）直接测量法

直接测量法是在有源二端网络输出端开路时，用电压表直接测其输出端的开路电压 U_{OC} 的方法，如图 5-8 所示。它适用于等效内阻 R_0 较小，即电压表的内阻 $R_V \gg R_0$ 的情况。直接测量法只需要电压表的内阻符合要求（一般应达到 $R_V \gg 1000R_0$），是测量 U_{OC} 电压最常见的一种测量方法。

2）补偿法

当线性有源二端网络的输入端电阻 R_0 较大时，采取直接测量法的误差较大，若采用补偿法测量则较为准确。如图 5-9 所示，图中虚线方框内为补偿电路。R_P 为滑线变阻器，U_S 为直流电源，接成分压器，G 为检流计。将补偿电路与被测电路的两端 a、b 相连接，调节分压器的输出电压，使检流计的指示为零，此时，电压表测得的电压值就是该网络的开路电压 U_{OC}。

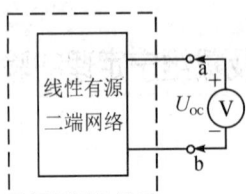

图 5-8　直接测量法测开路电压　　　　图 5-9　补偿法测开路电压

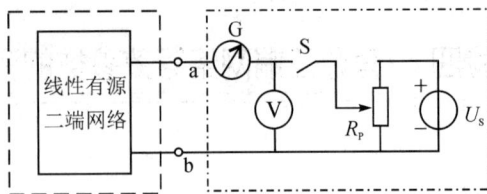

3. 输入端等效电阻 R_0 的测量方法

1）开路短路法

在测出线性有源二端网络的开路电压 U_{OC} 之后，再测量网络的短路电流 I_{SC}（方法如图 5-10 所示），则可计算出 $R_i(=U_{OC}/I_{SC})$，R_i 即为 R_0。开路短路法较简便，但对于不允许直接将其输出端 a、b 两端短路的网络则不适用。

2）外加电源法

将有源线性二端网络内部的电源去除，即电压源处做短路处理，独立电流源做开路处理，使其成为无源线性二端网络，然后在 a、b 两端加上一合适的电压源 U_s，如图 5-11 所示，测量流入网络的电流 I，则网络的输入端等效电阻 $R_0=U_s/I$。

实际上，网络内部的电源都有一定的内阻，当电源被去掉的同时，其内阻也被去掉了，这就影响了测量的准确性。所以，外加电源法仅适用于电压源的内阻很小和电流源的内阻很大的情况。

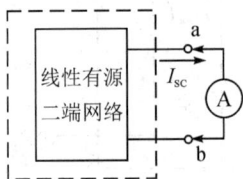

图 5-10　测量短路电流 I_{SC}　　　　图 5-11　外加电压法测 R_0

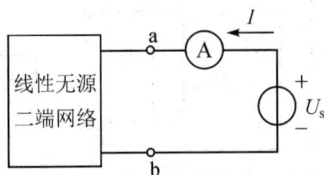

3）半偏法

在测量出有源线性二端网络的开路电压 U_{OC} 之后，按图 5-12 接线，R_L 为可调电阻箱。调节 R_L，使其端电压 U_L $=U_{OC}/2$，此时 R_L 的数值即等于 R_0。半偏法没有开路短路法和外加电源法的局限性，因而在实际测量中被广泛采用。

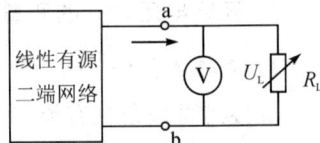

图 5-12　半偏法测 R_0

4. 验证戴维宁定理

要验证戴维宁定理的正确性，只要分别测出给定的二端网络及等效电路的外特性（伏安特性）即可。方法是：在有源二端网络及等效电路的外部，分别接入可调电阻（自选参数），测出其 I 和 U_{AB}，若根据两个外特性做出的曲线是重合的，则戴维宁定理得到验证。

三、实验要求

（1）根据给定的已知网络，参照实验原理及实验室现有设备条件，选择一种测量 U_{OC}

和 R_0 的方法，并说明选择的理由，即实验方案的可行性。

（2）列出所需设备器件表。

（3）测量有源线性二端网络的开路电压 U_{OC} 和输入端等效电阻 R_0。

（4）测定有源线性二端网络的外特性。

（5）测定戴维宁等效电源的外特性。

（6）自选参数，自行设计测试表格。

（7）有源二端网络实验电路如图 5－13 所示。网络参数如下：$U_{S1}=10\ V$，$U_{S2}=5\ V$，$R_1=500\ \Omega$，$R_2=1\ k\Omega$。

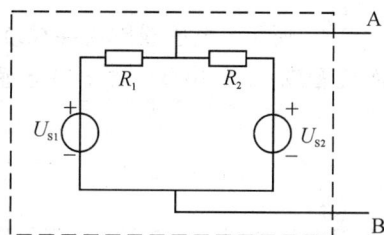

图 5－13　线性有源二端网络实验电路

四、注意事项

（1）若采用补偿法测量图 5－13 所示的开路电压，应注意使 a、b 端和补偿电路的电压极性相一致，电压值接近相等，才能合上开关 S 进行测量，避免因电流过大而损坏检流计。

（2）实验电路中所选元件（例如电阻）应注意其额定值（如额定功率），防止烧毁元件和仪表。

实验五／正弦交流电路

一、实验目的

（1）学会使用单相调压器及交流电流表。

（2）掌握交流电路中各元件电流、电压的大小及相位关系。

（3）能根据实验数据计算元件参数。

二、实验原理

1. RC 串联电路

RC 串联电路如图 5－14 所示，其中，

$$|Z|=\sqrt{R^2+X_C^2}=\frac{U}{I},\ \varphi=\arctan\left(\frac{U_C}{U_R}\right)$$

电路中电流及各个电压之间的矢量关系如图 5－15 所示。

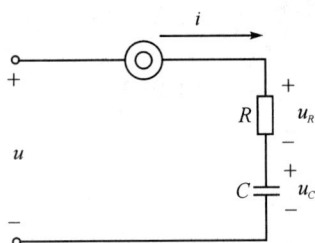

图 5-14　RC 串联电路

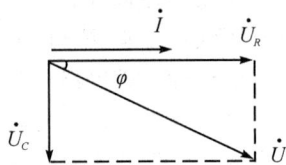

图 5-15　RC 串联电路电压矢量图

2. RL 串联电路

电阻与电感串联电路如图 5-16 所示。电感线圈由导线绕制而成，含有一定的内阻 r，因此，线圈不能看作纯电感，而应看成 r、L 串联。含 r 的电感元件及其串联电路的参数计算方法如下：

$$Z_L = \sqrt{r^2 + X_L^2} = \frac{U_{Lr}}{I_L} \qquad |Z| = \sqrt{(R+r)^2 + (X_L)^2} = \frac{U}{I}$$

电路中电流 I 与电压 U 之间的矢量关系如图 5-17 所示。其矢量关系可根据余弦定理求得：

$$\cos \varphi = \frac{U_r^2 + U_R^2 - U_{Lr}^2}{2U \cdot U_R}$$

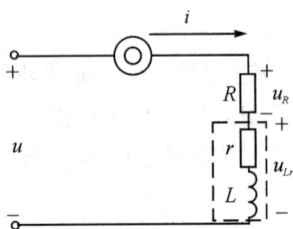

图 5-16　RL 串联电路

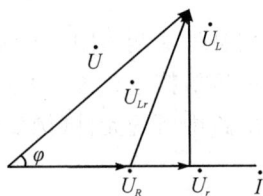

图 5-17　RL 串联电路电压矢量图

三、主要设备与器件

实验所用主要设备及器件如表 5-9 所示。

表 5-9　主要实验设备与器件

设备与器件	型　　号	数　　量
单相调压器	1 kVA	1 台
交流电流表	T51	1 块
万用表	UT51	1 块
交流电路箱（箱内含 R、C、L—镇流器）	THA－JD1	1 个

四、实验内容与步骤

1. RC 串联电路

按图 5-18 所示接线，其中，$U = 120$ V，$R = 1$ kΩ，$C = 4.7$ μF。测量 I，U_R，U_C 值，记

入表 5 - 10 中。

2. RL 串联电路

按图 5 - 19 所示接线，其中，$U = 120$ V，$R = 1$ kΩ，L— 镇流器。测出总电流及各元件电压，记入表 5 - 11 中。

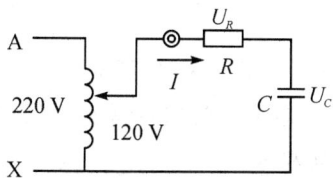

图 5 - 18　RC 串联电路实验电路图　　　　　图 5 - 19　RL 并联电路实验电路图

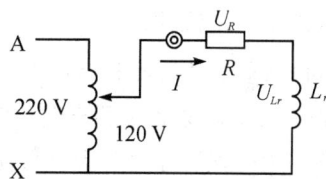

表 5 - 10　RC 串联电路实验数据

给定值：$U = 120$ V　$R = 1$ kΩ　$C = 4.7$ μF				
项　目	U/V	U_R/V	U_C/V	I/mA	φ（计算）
测　量					

表 5 - 11　RL 串联电路实验数据

给定值：$U = 120$ V　$R = 1$ kΩ　L—镇流器				
项　目	U/V	U_R/V	U_{Lr}/V	I/mA	φ（计算）
测　量					

五、分析与讨论

（1）根据实验数据计算 R、C 值，并作出 RC 串联电路的电压相量图。

（2）分别计算表格中的 φ 值。

（3）判断下列公式的正确性。

① $U = U_R + U_C$；　　　　　　② $U = \sqrt{U_R^2 + U_C^2}$；

③ $r = \dfrac{U_{Lr}}{I}$；　　　　　　④ $\dfrac{U}{I} = \sqrt{(R + r)^2 + X_L^2}$。

实验六 // 日光灯及 $\cos\varphi$ 的提高

一、实验目的

（1）学会连接日光灯电路，了解其工作原理。

（2）了解提高 $\cos \varphi$ 的意义及方法。

（3）学会使用功率表。

二、实验原理

1. 日光灯的组成原理

日光灯由灯管、镇流器和启辉器三部分组成，其电路如图 5-20 所示。

灯管是一根充有少量水银蒸汽和惰性气体的细长玻璃管，管壁内涂有一层荧光粉，灯管两端各有一组灯丝，灯丝上涂有易使电子发射的金属粉末。

镇流器是一个具有铁芯的电感线圈。镇流器与相应规格的灯管配套使用。

启辉器也称日光灯继电器，它在日光灯电路中起自动开关的作用，其结构如图 5-21 所示。启辉器的小玻璃泡内有两个电极，一个为静触头，一个为 U 形的双金属片电极（动触头）（双金属片热胀冷缩时具有自动开关的作用）。两个电极上并联有一个小电容，主要用于消除日光灯对附近无线电设备的干扰。

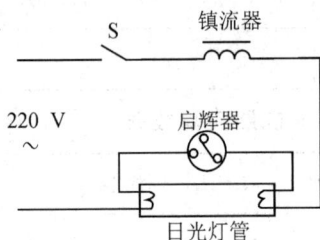

图 5-20 日光灯电路   图 5-21 启辉器结构示意图

2. 日光灯发光的工作过程

在图 5-20 中，当日光灯接通电源时，电源电压全部加在启辉器两端（这时灯管相当于断路），启辉器两个电极间产生辉光放电，使双金属片受热膨胀而与静触头接触；电源经镇流器、灯丝、启辉器构成的电流通路而使灯丝预热，1～3 s 后，由于启辉器的两个电极接触使辉光放电停止，双金属片冷却使两个电极分离，在两电极断开的瞬间，电流被突然切断，于是在镇流器两端产生自感电动势（400～600 V）；这个自感电动势的高电压与电源电压一起，加在预热后的灯管两端的灯丝之间，灯丝发射的大量电子在高电压作用下，使管内气体电离而放电，产生的大量的紫外线激发荧光粉发出近似日光的光线。因此，称为日光灯，又称荧光灯。日光灯管点亮后，灯管相当于一个纯电阻负载，由于镇流器与灯管串联，具有较大的感抗，所以又能限制电路中的电流，维持日光灯的正常工作。日光灯点亮后，灯管两端电压低，不会使启辉器再动作。

由于镇流器的感抗较大，日光灯电路的功率因数是比较低的，影响了电网的供电质量，通常为 0.2～0.5。所以，并联合适的电容，可以提高整个电路的功率因数。

三、主要设备与器件

实验所用的主要设备与器件如表 5-12 所示。

表 5 - 12　主要实验设备与器件

设备与器件	型　号	数　量
交流电路实验箱	THA - JD1	1 个
交流电流表	T51	1 块
万用表	UT51	1 块
功率表	D26 - W	1 块

四、实验内容与步骤

（1）按图 5 - 22 接线，观察日光灯的启动过程，测量 U，$U_镇$，$U_灯$，I，I_1 及 P 值。

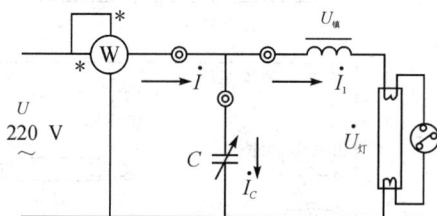

图 5 - 22　日光灯实验电路图

（2）观察感性负载并联电容后对电路中 $\cos\varphi$ 的影响。

① 并上 1 μF 电容，测量 U，$U_镇$，$U_灯$，I，I_C，I_1 及 P。

② 并上 2.2 μF 电容，测量 U，$U_镇$，$U_灯$，I，I_C，I_1 及 P。

所测数据均填入表 5 - 13 中。

表 5 - 13　日光灯实验数据

电容	项　目							
	U/V	$U_镇/V$	$U_灯/V$	I/mA	I_1/mA	I_C/mA	P/W	计算 $\cos\varphi$
$C=0$								
$C=1\ \mu F$								
$C=2.2\ \mu F$								

注意：（1）不要带电操作！注意安全。

　　　　（2）日光灯的启动电流是工作电流的几倍，因此启动时，不要接入电流表。

五、分析与讨论

（1）根据实验数据计算 $\cos\varphi$，当并联电容改变后，电路中的 $\cos\varphi$ 有什么变化？日光灯自身的功率因数 $\cos\varphi_L$ 是否得到提高？电路中的总电流又有什么变化？

（2）两个 2.2 μF 的电容，通过怎样连接，可得到 4.4 μF 的电容？通过怎样连接，可得到 1.1 μF 的电容？

（3）提高电路的功率因数有何意义？

（4）日光灯正常发光后，能否拆除启辉器？

六、预习要求

（1）根据图 5 - 23(a)所示的电路图，在图 5 - 23(b)中画出接线图(I<0.5 A)。

（2）思考：若电路中需要并联 2 μF 的电容，怎样实现？

(a) 电路图

(b) 接线图

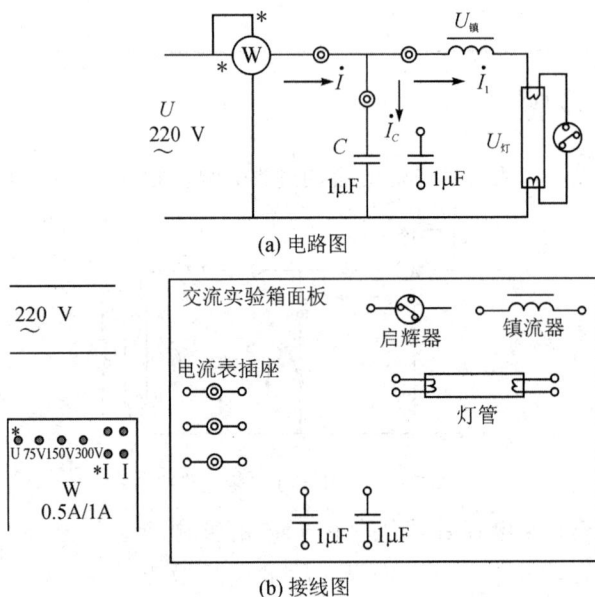

图 5 - 23　预习题(1)图

实验七 信号源与示波器的使用

一、实验目的

（1）了解信号发生器面板上开关、旋钮的作用。

（2）了解示波器面板上开关、旋钮的作用。

（3）练习示波器的基本应用：显示电压波形，测定幅度、频率。

二、实验原理

1. 函数信号发生器

函数信号发生器是一种能产生各种波形且幅度可调、频率可调的信号源，是生产和实验测试中使用最为广泛的电子仪器之一。函数信号发生器(以 AFG - 2012 函数信号发生器为例)的使用方法如下：

（1）打开电源开关，接通电源。

（2）选择所需要的信号波形，如正弦波或方波。

（3）根据所需信号的频率进行频率调节。

（4）调节信号的电压大小（幅度调节）。

（5）设置输出阻抗（高阻或 50 Ω）。

（6）选择电压输出端插孔输出信号。

（7）开启输出。

详见第二章第二节介绍。

2. 示波器

示波器是一种用途极广的电子测量仪器，不仅可以观察电信号的动态变化过程，还可以测量各种电信号的幅值、周期、频率、相位等参数。通过各种转换器将非电量转换成电量后，也可用示波器进行显示和测量。因而示波器有着广泛的应用领域。

示波器的种类很多，种类不同，开关按键的数目以及在面板上的位置和名称也会有所不同，但无论哪种示波器，使用方法大体相同。（详见第二章第三节介绍）

三、主要设备与器件

实验所用主要设备和器件如表 5-14 所示。

表 5-14　主要实验设备和器件

设备与器件	型 号	数 量
函数信号发生器	AFG-2012	1 台
双踪示波器	GOS-620	1 台
万用表	UT51	1 块

四、实验内容与步骤

（1）调出光迹（调节亮度、聚焦、水平及垂直位移等旋钮）。

（2）连接并显示稳定的被测信号（由信号发生器提供）：

① 注意示波器探极与信号发生器输出线的连接极性。

② 若信号从 CH1 通道输入，则垂直方式应选择 CH1，触发源也应选择内触发源中的 CH1，触发方式可选择自动。垂直灵敏度 S_V 及扫描速率 S_T 调到适当值，使得被测信号波形在屏幕上显示稳定的图像。

（3）测量信号电压：

① 显示合适的被测信号，以正弦波为例，大小为 3～5 格。

② S_V 的微调置于校正位置（CAL）。

③ 读出信号纵向峰峰值所占的格数 D_Y，并记下探极衰减。

④ 计算信号电压的有效值：

$$U = \frac{U_{PP}}{2\sqrt{2}} = \frac{S_V \times 探极衰减 \times D_Y}{2\sqrt{2}}$$

⑤ 用万用表测量信号电压作为检验值，所测数据记入表 5 – 15 中。

表 5 – 15　测量信号电压实验数据

$S_V/(V/div)$	探极衰减	D_Y 峰峰值格数/div	计算电压 U/V	信号电压(仪表测量值)/V

（4）测量信号的频率：

① 显示合适的被测信号(400 Hz)，以正弦波为例，1～3 个波形(周期)。

② S_T 的微调置于校正位置(CAL)。

③ 读出信号横向一个周期之间所占格 D_X，并记下水平扩展。

④ 计算信号的频率：

$$T(S) = \frac{S_T \times D_X}{水平扩展(1 或 10)}$$

$$f = \frac{1}{T}$$

所测数据记入表 5 – 16 中。

表 5 – 16　测量信号频率实验数据

$S_T/(t/div)$	水平扩展	D_X 一个周期格数/div	计算频率/Hz	信号发生器频率/Hz
				400

五、报告要求

（1）总结实验中所用仪器的使用方法及观测电信号的方法。

（2）用示波器确定 $U = 3$ V 的正弦信号时，下列参数如何选择？

$$S_V = \underline{\quad\quad}，探极衰减：\underline{\quad\quad}，D_Y = \underline{\quad\quad}$$

用示波器确定 $f = 200$ Hz 的正弦信号时，下列参数如何选择？

$$S_T = \underline{\quad\quad}，水平扩展：\underline{\quad\quad}，D_X = \underline{\quad\quad}$$

（3）用示波器观察正弦信号，若荧光屏上出现图 5 – 24 所示情况，试说明测试系统中哪些旋钮的位置不对，应如何调节？

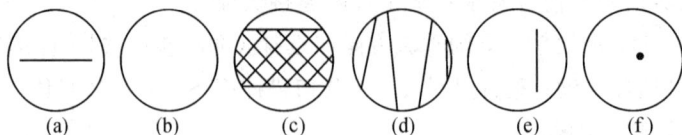

　　(a)　　　　(b)　　　　(c)　　　　(d)　　　　(e)　　　　(f)

图 5 – 24　示波器信号

六、预习要求

认真阅读示波器的使用说明。

实验八 // 互 感 电 路

一、实验目的

(1) 掌握用直流(通断)法和交流(判别)法判定互感线圈同名端的方法。

(2) 掌握测定自感、互感的方法。

(3) 根据实验原理自拟实验线路,自行选择实验参数。

二、实验原理

1. 互感线圈同名端的判别

为了正确判别互感电动势的方向,首先必须判定两个具有互感耦合线圈的同名端。对于两个具有磁耦合的线圈 N_1 和 N_2,i_1 和 i_2 同时都从标有"﹡"的端点分别流入(或流出)这两个线圈时,如果它们所产生的磁通是互相加强的,则这两个端点称为同名端,如图 5-25 所示。

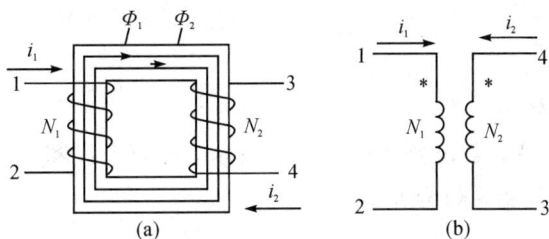

图 5-25 两个磁耦合线圈

由图 5-25 可见,影响同名端的因素是两个线圈的绕向以及它们的相对位置,因此判别耦合线圈的同名端,在理论分析和实际应用中,具有重要的意义。变压器线圈、电机绕组、LC 振荡电路中的振荡线圈等,都要根据同名端进行连接。

1) 直流通断法

直流通断法测量同名端电路如图 5-26 所示,用一直流电,经开关 S 限流电阻 R 连接线圈 N_1,在线圈 N_2 回路中接入一直流电流表(或直流电压表)。在开关 S 闭合瞬间,N_1 线圈中的电流 i_1 通过互感耦合,将在线圈 N_2 回路中产生一互感电动势,并在线圈 N_2 回路中产生一电流 i_2,使线圈 N_2 上的直流仪表指针偏转。

当直流电表正向偏转时,线圈 N_1 和电源正极相接的端点 1 与线圈 N_2 和直流电表正极相接的端点 4 是同名端;当直流电表反向偏转时,线圈 N_1 的端点 1 和直流电表负极相接的端点 3 为同名端。直流通断法简便、直观,但应注意 E 不能超过线圈 N_1 的额定电流,以免烧坏线圈。

2) 交流法判别法

将有互感的两线圈任意串联,如图 5-27 所示,将线圈 N_1 的一个端点 2 与线圈 N_2 的一个端点 4 用导线连接,在其中一个线圈的两端(N_1)加以交流电压 u_{12},用交流电压表测出串联线圈的总电压 u_{13}，如果 $u_{13}>u_{12}$，那么线圈 N_1 与线圈 N_2 是顺串，1 和 4 为同名端；如果 $u_{13}<U_{12}$，那么线圈 N_1 与线圈 N_2 是反串，1 和 3 为同名端。

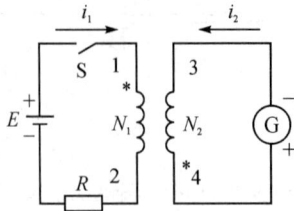

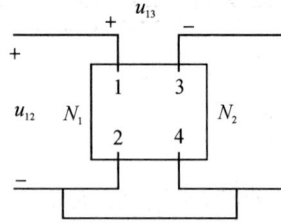

图 5-26　直流通断法测量同名端电路　　图 5-27　交流法测量同名端电路

2. 自感系数的测定

线圈自感系数可以在测出线圈的端电压 U、电流 I 及线圈的电阻 R 后，利用公式求出，即

$$|Z| = \frac{U}{I}$$

$$X_L = \sqrt{|Z|^2 - R^2}$$

$$L = \frac{X_L}{\omega}$$

3. 互感系数的测定

1）等效电感测量法

等效电感法测量互感系数电路如图 5-28 所示，设两个线圈 N_1 和 N_2 的自感分别为 L_1 和 L_2，它们之间的互感系数为 M。

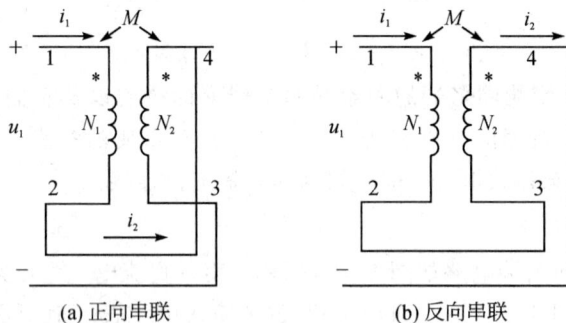

(a) 正向串联　　　　　　　　(b) 反向串联

图 5-28　等效电感法测量互感电路

若将两个线圈正向串联，如图 5-28(a)，由此可得到正接时，电路的等效电感 $L_S = L_1 + L_2 + 2M$；若将两个线圈反向串联，如图 5-28(b)，可得到反接时，电路的等效电感 $L_r = L_1 + L_2 - 2M$。根据 L_S 和 L_r 表达式可推得互感系数为

$$M = \frac{L_S - L_r}{4}$$

2）互感电压法

互感电压法测量互感系数电路如图 5-29(a)所示，线圈 N_1 接入交流电源，则线圈 N_2

中有感应电压 $U_{20} = \omega M_{21} I_1$，即互感

$$M_{21} = \frac{U_{20}}{\omega I_1}$$

同理，在图 5-29(b)所示电路中有

$$M_{12} = \frac{U_{10}}{\omega I_2}$$

由此可以证明 $M_{21} = M_{12} = M$，其中 ω 为电源角频率。

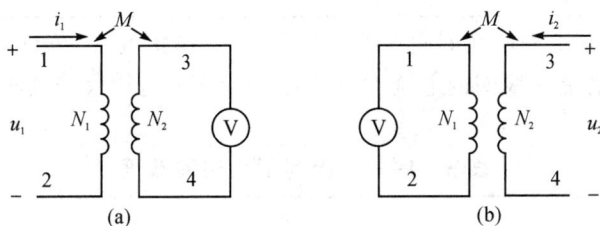

图 5-29　互感法电压法测量、互感电路

4. 耦合系数的测定

两个互感线圈耦合松紧程度常采用耦合系数 K 表示：

$$K = \frac{M}{\sqrt{L_1 L_2}}$$

可见，通过测定 L_1、L_2 值和 M 值，即可求出耦合系数 K，显然 $0 \leqslant K \leqslant 1$。

三、主要设备与器件

本实验所用主要设备与器件如表 5-17 所示。

表 5-17　实验主要设备与器件

设备与器件	型　号	数　量
直流稳压电源	GPE-3323C	1 台
直流电流表	毫安级	1 块
单相调压器	1 kVA	1 台
交流电流表	T51	1 块
万用表	UT51	1 块
可变电阻箱	ZX21	1 个
空心互感线圈		1 只

四、实验内容与步骤

1. 测试线圈的同名端

（1）采用直流通断法测试线圈同名端。按图 5-26 连接电路，在开关 S 接通和断开的

瞬间，观察仪表 G 指针的偏转方向，以此来确定耦合线圈 N_1、N_2 的同名端，记录仪表指针方向于表 5 - 18 中。

表 5 - 18　直流通断法实验数据

开关 S 状态	仪表指示方向	同名端
合上		
断开		

（2）采用交流判别法测试线圈同名端。按图 5 - 27 连接电路，在线圈 N_1、N_2 上加上单相可调交流电压（注意流过线圈的电流不能过大），用交流电压表分别测量 U_{12} 和 U_{13}，记录于表 5 - 19 中。

表 5 - 19　交流判别法实验数据

测量项目	交流电压表数值	同名端
1、2 端电压 U_{12}		
1、3 端电压 U_{13}		

2. 采用互感电压法测量线圈的自感系数 L_1，L_2 和互感系数 M

（1）用万用表先测出线圈 N_1 和 N_2 的电阻 R_1、R_2。

（2）按图 5 - 29（a）连接电路（3、4 端开路），在 1、2 端接入合适的交流电压，用交流电压表测出 U_1，I_1，U_{20}，计算

$$L_1 = \frac{1}{2\pi f} \sqrt{\left(\frac{U_1}{I_1}\right)^2 - R_1^2}$$

（3）按图 5 - 29（b）连接电路（1、2 端开路），在 3、4 端接入同样的交流电压，测出 U_2，I_2，U_{10}，计算

$$L_2 = \frac{1}{2\pi f} \sqrt{\left(\frac{U_2}{I_2}\right) - R_2^2}$$

所有数据记录于表 5 - 20 中，并根据实验原理，求出互感系数和耦合系数。上述实验测试中，所加的电源电压自行确定。

表 5 - 20　互感电压法实验数据

标称值		测　量　值						计　算　值				
		3、4 端开路			1、2 端开路							
R_1	R_2	U_1	I_1	U_{20}	U_2	I_2	U_{10}	L_1	L_2	M_{12}	M_{21}	K

五、分析与讨论

（1）分析实验结果。

（2）测定同名端的方法有多种，你能否利用所学知识，说出其他几种方法。

六、注意事项

（1）本实验所用仪表、电路有直流、交流之分，操作时要注意选择使用，不得混淆。

（2）调压器操作必须按操作规程，通电前，必须使输出在零位。

（3）互感线圈电阻较小，调压器调节电压不得过大，以免烧坏线圈，最好能在线圈回路中串入电阻，同时要观察电流表读数，防止烧毁线圈。

实验九 // 三相负载的连接

一、实验目的

（1）掌握三相 Y 形电路中，线电压、相电压及线电流和相电流的测量方法。

（2）了解负载不对称时"中性点位移"现象及中线的作用。

（3）学会使用三相调压器。

二、实验原理

1. 负载的 Y 形连接

三相照明灯组负载如图 5 - 30 所示，将每相灯组的尾端 X，Y，Z 连接在一起成为负载的中点，各灯组的首端 A，B，C 分别与三相电源相连，即可组成三相负载的 Y 形连接。

当负载对称（各灯组灯泡数量相同）时，无论是三线制或是四线制，其线电压与相电压之间的关系为 $U_L=\sqrt{3}U_P$，线电流与相电流相等，即 $I_L=I_P$。电源中性点与负载的中性点之间的电压为零，若将两点连接起来，中线电流 $I_N=0$。

当负载不对称（如某相少一个灯泡）时，三相负载出现不平衡，采用四线制，即有中线时，仍然有 $U_L=\sqrt{3}U_P$，$I_L=I_P$，但是中线电流 $I_N\neq0$。若采用三线制，则负载上的 $U_L\neq\sqrt{3}U_P$，而 $I_L=I_P$，将出现中性点位移现象。这时由于各相相电压不相同，使得各相负载均无法正常工作。因此，在本次实验中需用三相调压器将三相电源的线电压由 380 V 降低为 220 V。

2. 负载的△形连接

将三组负载首尾相连，即 AZ，BX，CY 分别相连可组成三相负载的三角形连接。三相负载作△形连接时，不论负载是否对称，其相电压均等于线电压，即 $U_L=U_P$；若负载对称时，其相电流也对称，相电流与线电流之间的关系为 $I_L=3I_P$。

若负载不对称时，相电流与线电流之间不再是 $\sqrt{3}$ 关系，即 $I_L\neq\sqrt{3}I_P$。

当三相负载作△形连接时，不论负载是否对称，只要电源的线电压 U_L 对称，加在三相负载上的电压 U_P 仍是对称的，对各相负载工作没有影响。

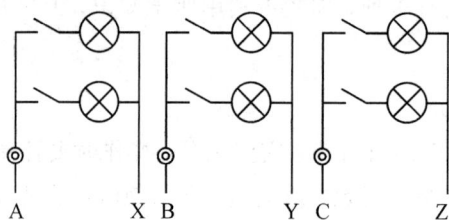

图 5-30　三相照明灯组示意图

三、主要设备与器件

实验中所用的主要设备与器件如表 5-21 所示。

表 5-21　主要实验设备与器件

设 备 与 器 件	型　　号	数　　量
三相调压器	1.5 kVA	1 台
交流电路箱	THA-JD1	1 块
万用表	UT51	1 块
交流电流表	T51	1 台

四、实验内容与步骤

（1）如图 5-31 所示，将三相调压器的输出端 a，b，c 与电路箱的 U，V，W 端分别对接，经过保险管后，U′，V′，W′再分别与三相 Y 形负载的 A，B，C 相连，X，Y，Z 连接在一起，即为电路。将三相调压器调至 220 V 后，根据表 5-22 中要求进行测量。

（2）将三组负载连接成△形，根据表 5-23 中要求进行测量。

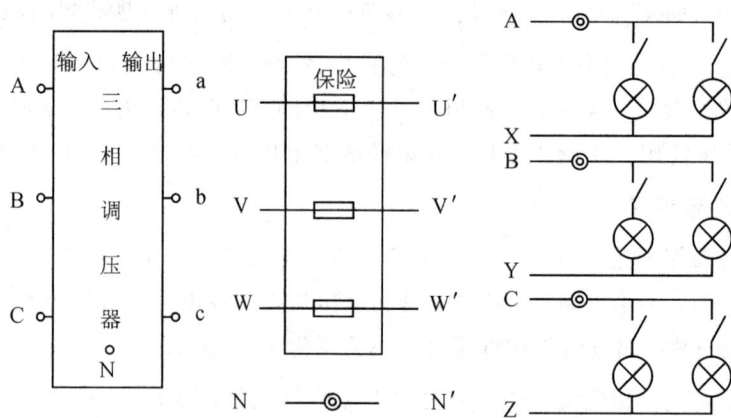

图 5-31　三相负载的 Y 形连接电路

表 5－22　三相负载 Y 形连接实验数据

分类		线电压/V			相电压/V			线（相）电流/mA			中线电流/mA	中点位移/V
		U_{UV}	U_{VW}	U_{WU}	U_{AX}	U_{BY}	U_{CZ}	I_U	I_V	I_W	I_N	$U_{NN'}$
对称负载	有中线											
	无中线											
不对称负载	有中线											
	无中线											
U 相断路	有中线											
	无中线											

表 5－23　三相负载△形连接实验数据

分类	线电压/V			相电压/V			线电流/mA			相电流/mA		
	U_{UV}	U_{VW}	U_{WU}	U_{AX}	U_{BY}	U_{CZ}	I_A	I_B	I_C	I_{AX}	I_{BY}	I_{CZ}
对称负载												
不对称负载												
A 线断路												
A′B′断路												

注意：

（1）相电压要测负载两端电压，即 AX、BY、CZ 两端，而不是 UN、VN、WN 两端。

（2）在任一相上关掉一个灯泡即为不对称负载。

五、分析与讨论

（1）根据实验数据和现象说明中线的作用。

（2）当三相负载不对称且无中线时，若电源的线电压为 380 V，负载会怎样？

（3）从三相负载的△形连接实验中发现，对称灯泡负载，当 A 线断路时，$U_{AX}=U_{CZ}=U_{BY}/2$，但是 $I_{AX}=I_{CZ}\neq I_{BY}/2$，这是为什么？

实验十 // 三相负载功率的测量

一、实验目的

（1）学习用三功率表和二功率表法测定三相电路功率的方法。

（2）掌握三相调压器及功率表的使用方法。

二、实验原理

使用单相功率表测量三相负载功率的方法有很多,根据三相负载是否对称,可分别采用一功率表法、二功率表法和三功率表法。但对于三相三线制的电路,不论负载是否对称,也不论是 Y 形还是△形连接,均可以采用二功率表法进行测量。三相功率测量方法适用范围见表 5-24。

表 5-24 三相功率测量方法适用范围

分 类	一 表 法	二 表 法	三 表 法
对称负载	$P=3P_{UV}$	$P=P_1+P_2$	$P=P_{UV}+P_{VW}+P_{WU}$
不对称负载		$P=P_1+P_2$	$P=P_{UV}+P_{VW}+P_{WU}$

三、主要仪器与设备

实验所用的主要仪器与设备如表 5-25 所示。

表 5-25 主要实验仪器和设备

仪器与设备	型 号	数 量
三相调压器	1.5 kVA	1 台
交流电路箱	THA-JD1	1 块
万用表	UT51	1 块
交流电流表	T51	1 台
功率表	D26-W	1 块

四、实验内容与步骤

1. 一表法测量三相对称负载功率

先将负载连成△形,功率表参考图 5-32 接线,用一表法测出 P_{UV} 值。

2. 二表法测量三相对称负载功率

参照图 5-33 所示连接电路,记录功率表 W_1 和 W_2 的结果 P_1 和 P_2,计算出三相负载的有功功率 P。

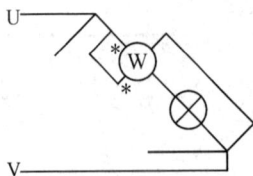

图 5-32 一表法测三相对称负载功率   图 5-33 二表法测三相对称负载功率

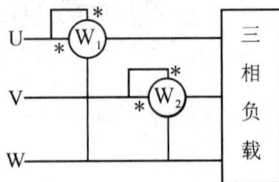

3. 用二表法、三表法测量三相不对称负载功率

二表法测量三相不对称负载功率与二表法测量三相对称负载功率的方法完全一样，而三表法测三相不对称负载功率的方法则是按一表法测三相对称负载功率的方法，分别测量三相负载的功率，然后求得总功率 $P = P_{UV} + P_{VW} + P_{WU}$。

所测数据均记入表 5 - 26 中。

表 5 - 26　三相负载功率测量实验数据

测量方法		测量值/W					计算值/W
		P_{UV}	P_{VW}	P_{WU}	P_1	P_2	P
对称负载	一表法	—	—	—			
	二表法	—	—	—			
不对称负载	二表法	—	—	—			
	三表法				—		

五、分析与讨论

（1）分析实验数据，找出产生误差的原因。

（2）回答下列问题：

① 采用二表法测三相负载功率是否要求负载对称？

② 三相△形连接对称灯泡负载的相电压为 220 V，相电流为 5 A，如果用二表法测量三相负载的有功功率，功率表为 D26 - W(5/10 A，125/250/500 V)，应怎样选择其量程？

六、注意事项

（1）测量三相负载功率，应注意功率表量程的正确选择，以免超过功率表的电流、电压线圈量程而烧坏功率表，特别是在测量 $\cos\varphi < 1$ 的负载情况下。

（2）使用三相调压器，要注意正确接线，调压器中性点必须与电源中性线连接。

（3）本实验涉及强电，注意不要碰触金属带电物体，防止电击事故。

实验十一 // 串联谐振电路（选做）

一、实验目的

（1）掌握信号发生器、毫伏表的使用方法。

（2）能测量 RLC 串联电路的谐振频率及谐振曲线。

（3）理解串联谐振电路的特点。

二、实验原理

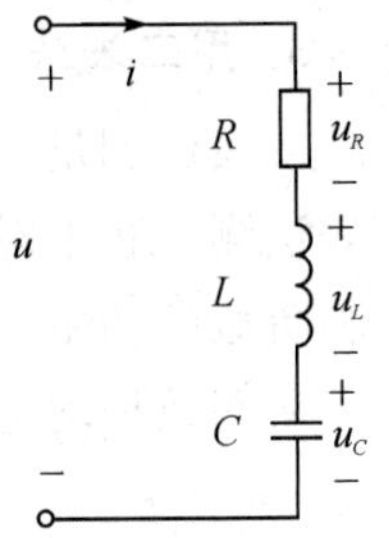

1. RLC 串联电路的谐振

RLC 串联电路如图 5 - 34 所示，当 $X_L = X_C$ 时，电路处于谐振
状态，谐振频率为

$$f_0 = \frac{1}{2\pi\sqrt{LC}}$$

图 5 - 34　RLC 串联电路

发生谐振时，电路总阻抗 R 最小，电流最大。

2. 电压、电流相位关系

在 RLC 串联电路中，U_L 与 U_C 反向，U_L 超前 $U_R(i)$ $\pi/2$，U_R 超前 $U_C \pi/2$，达到谐振
时，U_R 与 U 同相。

三、主要仪器与器件

本实验所用主要仪器与器件如表 5 - 27 所示。

表 5 - 27　主要实验仪器和设备

仪器与器件	型　号	数　量
函数信号发生器	AFG - 2012	一台
毫伏表	CA2171	一块
电阻、电感、电容		各一个

四、实验内容与步骤

（1）测量 RLC 串联谐振的谐振点。

按图 5 - 35 所示接好电路，首先将信号发生器的输出电压
调至一定的电压值（3 V），并保持不变；然后调节信号发生器输
出电压的频率，使其由小逐渐变大（注意维持其输出幅度不变），
毫伏表的读数为最大时的频率即为电路的谐振频率 f_0，测量此
时 R、L、C 两端的电压；改变电阻 R，重复上述测试。所测数
据均记录于表 5 - 28 中。

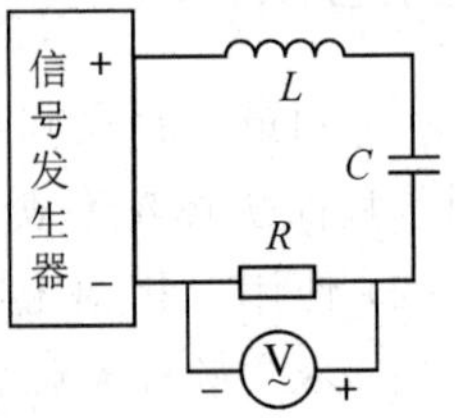

图 5 - 35　RLC 串联谐振电路

（2）改变 f，在 f_0 两边各取 4~5 个点，测出 U_R 值，作出谐振曲线。

表 5 - 28　RLC 串联谐振点测量实验数据

给定值	$R_1 = 90\ \Omega$　$R_2 = 190\ \Omega$　$L = 0.1\ H$　$r = 34.6\ \Omega$　$C = 1\ \mu F$							
f/Hz				f_0				
U_{R1}/V								
U_{R2}/V								

五、注意事项

（1）选择测试频率点时，在靠近谐振频率附近可多取几个点，在改变频率测试时应调整信号输出幅度，使其维持不变。

（2）测量 U_R 时，应注意毫伏表与信号源的公共接地。毫伏表只能直接测量电位，间接测量电压。

六、实验报告要求

回答下列思考题：

（1）改变电路的哪些参数可以使电路发生谐振？电路中 R 的数值是否影响谐振频率的值？

（2）在实验中，谐振时，U 与 U_R、电感元件与电容元件上的电压是否相等？为什么？

实验十二 // 直流单臂电桥测电阻（选做）

一、实验目的

（1）了解直流单臂电桥测电阻的原理。
（2）学习使用直流单臂电桥测电阻的方法。

二、实验原理

参见第三章的第四节。

三、实验仪器

实验所用主要仪器有：
（1）单臂电桥（QJ23 型）；
（2）电阻箱（ZX21 型）两个。

四、实验内容及步骤

1. 内容

用电桥测量给定电阻值。

2. 方法

（1）在仪器的后面，接通 220 V 市电并开启电源，指示灯亮。

（2）检流计钮子开关置于"内接"，调节"调零"旋钮让检流计指针指到"0"（G 可不按）。

（3）估计被测电阻值并根据标牌提示将"量程倍率"旋钮调到适当位置（见标牌），使电桥比较臂的四个读数盘都利用起来，以得到 4 个有效数值，保证测量精度。同时，"电压选择"旋钮也应调到适当位置，"灵敏度"旋钮可旋至最小（接近平衡时可将灵敏度调到最大，其测量结果的准确性更高）。

（4）将被测电阻接在 R_X 接线柱两端。

（5）先按下"B"按钮，然后轻按"G"按钮，若指针不在平衡位置，应调节测量读数盘使检流计平衡（指 0）。平衡的标准是：检流计指针指示"0"数，不论怎样旋转灵敏度，检流计指针都应指示"0"数或指在零位附近偏转幅度很小（1 格以下）；松开"G"指针也在"0"位。调节中若指针向"＋"偏转则应调大读数盘直至出现"－"，再将它退回到最后一个出现"＋"的位置，然后调低一位数的读数盘，方法同上，直到检流计平衡。

（6）读数：

$$R_X = 量程倍率 \times 测量读数盘示值之和$$

注意：

（1）测量前应先估计或用万用表粗测一下被测电阻值，以此作为选择量程倍率的依据，避免检流计在调试中可能因猛烈撞击而损坏。

（2）在测量时，不要同时按下按钮"G"和"B"，必须是先按"B"，后按"G"。断开时，应先放开"G"，后放开"B"，以防被测对象含有电感（如电机、变压器等）产生感应电势损坏检流计。

（3）正确选择比较臂，使最大读数盘（×1000）不能为 0，以保证测量的准确性。

（4）为减少引线电阻带来的误差，被测电阻与测量端的连接导线要短而粗。同时，还应注意各端钮是否拧紧，以避免接触不良引起电桥不稳定。

（5）当电池电压不足时应立即更换，采用外接电源时应注意极性与电压额定值。

（6）被测物不能带电。对含有电容的元件应先放电 1 s 后再测量。

QJ23 型直流单臂电桥的标牌说明见表 5－29。

表 5－29　QJ23 型直流单臂电桥的标牌说明

倍　率	测量范围/Ω	准确度等级	电源电压/V
×0.001	1～11.11	0.5	
×0.01	10～111.1		3
×0.1	100～1111	0.1	
×1	1000～11.11 k		
×10	10 k～111.1 k		9
×100	100 k～1111 k	0.2	15
×1000	1 M～11.11 M	0.5	

五、实验报告要求

对如下问题进行思考并回答：

（1）电桥法测量电阻是一种比较精确的方法，在测量前最好先用其他方法（如万用表）粗测被测电阻的大小，这样做的目的是什么。

（2）用电桥测量电阻时，应如何正确使用电源按钮开关和检流计按钮开关？

（3）选择电桥比率臂的原则是什么。

六、预习基本要求

（1）了解单臂电桥的平衡条件及测量电阻的原理。

（2）根据电阻粗测值如何正确选择电桥的比率臂？

第六章
例 题 解 析

第一节／几种"问题类型"含义

一、简单问题与复杂问题

凡是可用串并联等效化简为单一回路或单一节点的电路，称为简单电路，否则称为复杂电路。

二、顺问题与逆问题

所谓顺问题，是指已知电路结构、元件参数，求电路中某个响应(某个电流或电压)、功率的问题。

所谓逆问题，是指已知电路结构及大部分元件值与电路中某个响应，求电路中某个元件值或电源值的问题。

三、局部求解问题与全面求解问题

局部求解问题就是求解量比较少的问题，例如，对图示电路求某个电流、某个电压或某个功率。全面求解问题即是求解量比较多的问题，例如，对图示电路求各支路电流、各支路电压或各元件上吸收的功率。

四、直流稳态问题与正弦稳态问题

激励源为直流电源且电路达稳定状态(电路中任何处的电压、电流均不随时间变化)的电路问题，称为直流稳态电路问题。正弦稳态电路问题是指单一频率正弦激励源作用且电路达稳定状态(其电路中任何处的电压、电流响应均为与正弦激励源同频率且振幅、初相位均为常数的正弦量)的电路问题。

五、换路问题与过渡过程问题

凡是有电源电压(电流)、元器件参数突然变化、电路中某处突然开路或短路这些现象发生的，都称为电路发生了换路。有换路的电路问题通常归结为用开关描述，如图示电路已处于稳态，即 $t=0$ 时，开关闭合或打开，求……。若发生换路前电路处于稳态，而发生换路后电路又能达到一种新的稳态，从旧的稳态至新稳态之间的过程，称为过渡过程。过渡过程可理解为从一种稳态过渡到另一种稳态的过程。

第二节 // 综合运用概念举例

综例 1　电路如综例 1 图所示，已知 $U_S = 21$ V，求电流 I_{ab}。

解　本题属简单、局部求解的顺问题题目类型，推荐选用串并联等效、结合应用 KCL、KVL、OL 方法求解。在应用串并联等效时也不必画出很多等效过程图，只需列写简化书写形式的概念性步骤即可。

先判别各电阻间的串并联关系，求出总电流：

$$I = \frac{U_S}{6 /\!/ 12 + 6 /\!/ 3 + 1} = \frac{21}{7} = 3 \text{ A}$$

应用电阻并联分流公式，得

$$I_1 = \frac{12}{12 + 6} I = \frac{2}{3} \times 3 = 2 \text{ A}$$

$$I_2 = \frac{3}{6 + 3} I = \frac{1}{3} \times 3 = 1 \text{ A}$$

依据 KCL，得

$$I_{ab} = I_1 - I_2 = 2 - 1 = 1 \text{ A}$$

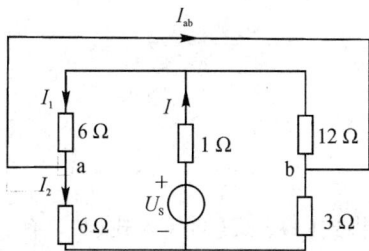

综例 1 图

点评：本题若排列方程求解，过程就显得麻烦。

综例 2　电路如综例 2 图所示，已知 $I_{ab} = 1$ A，求电压源 U_S，产生的功率 P_S。

解　本题属于简单、局部求解的逆问题题目类型。推荐使用串并联等效、结合基本定律（KCL、KVL、OL）求解。在原图示电路上设电流 I，I_1，I_2 参考方向，如综例 2 图所示。

$$I = \frac{U_S}{12 /\!/ 6 + 6 /\!/ 3 + 1} = \frac{U_S}{7}$$

$$I_1 = \frac{12}{12 + 6} I = \frac{2}{3} \times \frac{U_S}{7} = \frac{2}{21} U_S$$

$$I_2 = \frac{3}{6 + 3} I = \frac{1}{3} \times \frac{U_S}{7} = \frac{1}{21} U_S$$

$$I_{ab} = I_1 - I_2 = \frac{2}{21} U_S - \frac{1}{21} U_S = \frac{1}{21} U_S = 1$$

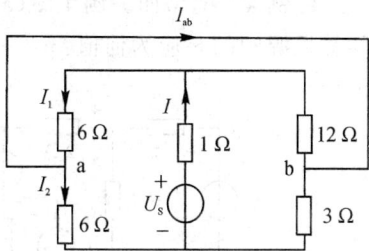

综例 2 图

解得

$$U_S = 21 \text{ V} \rightarrow I = \frac{21}{7} = 3 \text{ A}$$

所以电压源 U 产生的功率为

$$P_S = U_S I = 21 \times 3 = 63 \text{ W}$$

点评：求解此题所用概念基本上和综例 1 是相同的，但逆问题比顺问题难度大一点，这是因为 U_S 未知，求解的中间过程只能用代数式表示。这个问题若选用列写方程求解则更为麻烦。

综例 3　电路如综例 3 图所示，已知网络 N 吸收的功率 $P = 2$ W，求电压 u。

解　在原图电路上设电流 i，i_1 节点 a，b，c 及接地点。因

$$P_N = ui = 2$$

所以

$$i = \frac{2}{u} \qquad (1)$$

综例 3 图

由综例 3 图可知 $V_c = 4$ V，$V_b = u$。对节点 a 列方程：

$$\left(\frac{1}{2} + \frac{1}{2}\right) V_a - \frac{1}{2} \times 4 - \frac{1}{2}u = -\frac{3}{2}u$$

解上式，得

$$V_a = 2 - u \qquad (2)$$

又

$$i_1 = \frac{V_a - V_b}{2} = \frac{2 - u - u}{2} = 1 - u \qquad (3)$$

$$i_1 + 2 = i \qquad (4)$$

将式(1)、式(3)代入式(4)，有

$$1 - u + 2 = \frac{2}{u}$$

解得 $u_1 = 1$ V，$u_2 = 2$ V。

点评：本题属复杂、局部求解的逆问题，已知 N 吸收的功率求响应 u。因功率是电压或电流的二次函数，有可能解得两个有意义的解，本题就是如此。

当 $u = u_1 = 1$ V 时，$i = \frac{2}{u} = \frac{2}{1} = 2$ A；当 $u = u_2 = 2$ V 时，$i = \frac{2}{u} = \frac{2}{2} = 1$ A。均能满足 N 吸收 2 W 功率的条件。

综例 4　电路如综例 4 图(a)所示，若要求输出电压 $u_0(t)$ 不受电压源 $u_{S2}(t)$ 的影响，问受控源中的 α 应为何值？

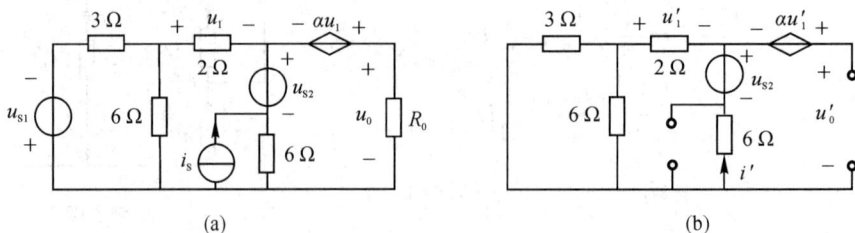

(a)　　　　　　　　(b)

综例 4 图

解　分析：根据叠加定理作出 $u_{S2}(t)$ 单独作用的分解电路图（受控源保留），解出 $u_0'(t)$。令 $u_0'(t) = 0$ 即解得满足 $u_0'(t)$ 不受 $u_{S2}(t)$ 影响的 α 值。但这样的求解虽然概念正确，方法也无问题，但求解过程麻烦。因 R_0、α 均未给出具体数值，中间过程不便合并，只能用代数式表达，致使解算过程烦琐。

根据基本概念再仔细分析可找到较简单的方法。

因找到的 α 值应使 $u_0'(t) = 0$，那么 R_0 上的电流为 0。应用置换定理，将其断开，如综

例 4 图(b)所示。这是简化分析的关键步骤！

计算：综例 4 图(b)中，

$$i' = \frac{u_{S2}}{3 \,//\, 6 + 2 + 6} = 0.1 u_{S2}$$

$$u_1' = -2i' = -0.2 u_{S2}$$

则

$$u_0' = \alpha u_1' + u_{S2} - 6i' = -0.2 u_{S2} + u_{S2} - 6 \times 0.1 u_{S2}$$

$$= (0.4 - 0.2\alpha) u_{S2} = 0 \rightarrow 0.4 - 0.2\alpha = 0$$

解得 $\alpha = 2$。

点评：倘若该题不是首先应用叠加定理进行分解，也不是应用置换定理将 R_0 开路，而是选用网孔法或节点法或等效电源定理求出 $u_0(t)$ 表达式，然后再令 $u_0(t)$ 表达式中有关 $u_{S2}(t)$ 分量部分等于零，解得 α 值，其解算过程更为麻烦。

综例 5 电路如综例 5 图所示，求电压 U。

解 本题属于复杂、局部求解的顺问题，推荐选用诺顿定理求解。

将综例 5 图变形、等效为题解综例 5 图(a)。自 ab 端断开电路，并将其短路，设 I_{SC} 如图(b)所示，则

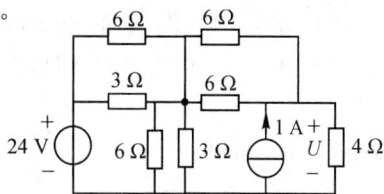

综例 5 图

$$I_{SC} = \frac{24}{6 \,//\, 6 + 3} \times \frac{1}{2} + \frac{24}{3 \,//\, 6 + 6} \times \frac{3}{3 + 6} = 2 + 1 = 3 \text{ A}$$

将图(b)变为求 R_0 的图(c)，显然

$$R_0 = [3 \,//\, 6 + 6] \,//\, [6 \,//\, 3 + 6] = 4 \text{ } \Omega$$

画出诺顿等效电源，接上待求支路，如图(d)所示。故得所求电压为

$$U = (3 + 1) \times 4 \,//\, 4 = 8 \text{ V}$$

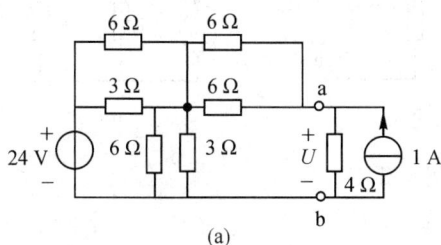

(a)

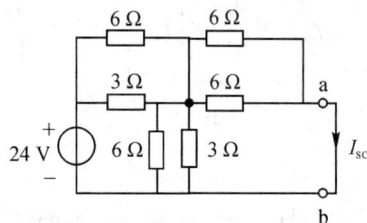

(b)

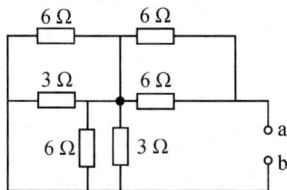

(c)

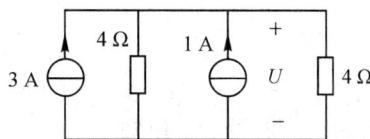

(d)

题解综例 5 图

点评：对于局部求解的复杂、顺问题的电路，原则上讲使用等效法求解，但更多是使用

等效电源定理求解。若开路电压较短路，电流易求，就选用戴维宁定理求解，反之，选用诺顿定理求解。本问题是短路电流较开路电压容易求解，所以推荐使用诺顿定理求解。

综例 6 电路如综例 6 图(a)所示，i_S 为已知，且 $R_S = R_L = 9$ kΩ，$(u_L/u_1) = 0.8$；若将 ab 端短路，测得短路电流 $i_{SC} = 2i_L$，如综例 6 图(b)所示，试确定电阻 R_1 和 R_2 的值。

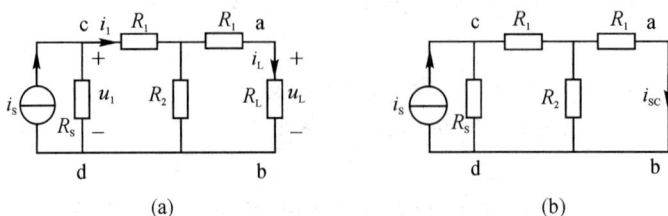

(a)　　　　　　　　　　(b)

综例 6 图

解 自综例 6 图(a)的 ab 端向左看，将有源二端电路等效成诺顿电源形式，如题解综例 6 图(a)所示。根据已知条件有

$$i_{SC} = 2i_L$$

故由图(a)可推断

$$R_0 = R_L = 9 \text{ kΩ}$$

求 R_0 的电路如题解综例 6 图(b)所示，则由串并联关系，得

$$R_0 = \frac{(R_1 + R_S)R_2}{R_S + R_1 + R_2} + R_1 = 9 \text{ kΩ}$$

即

$$\frac{(R_1 + 9)R_2}{9 + R_1 + R_2} + R_1 = 9 \text{ kΩ} \tag{1}$$

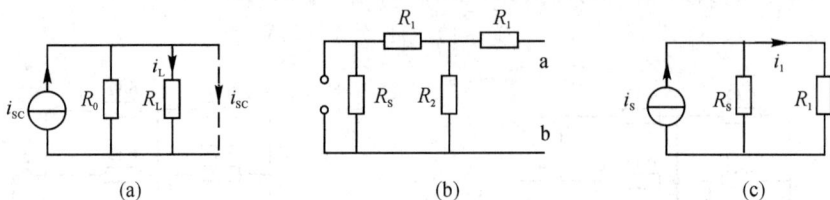

(a)　　　　　　(b)　　　　　　(c)

题解综例 6 图

在综例 6 图(a)中，从 cd 端向右看的输入电阻为

$$R_i = \frac{(R_1 + R_L)R_2}{R_L + R_1 + R_2} + R_1 = 9 \text{ kΩ}$$

即

$$\frac{(R_1 + 9)R_2}{9 + R_1 + R_2} + R_1 = 9 \text{ kΩ} \tag{2}$$

比较式(1)与式(2)，便知

$$R_i = R_0 = 9 \text{ kΩ}$$

求 i_1 的等效电路如题解综例 6 图(c)所示，显然

$$i = \frac{1}{2}i_S$$

在综例 6 图(a)中,应用电阻并联分流关系,得电流

$$i_L = \frac{R_2}{R_1 + R_2 + R_L} i_1 = \frac{R_2}{2(R_1 + R_2 + 9)} i_S$$

电压为

$$u_1 = R_i i_1 = \frac{9}{2} i_S \tag{3}$$

$$u_L = R_L i_L = \frac{9R_2}{2(R_1 + R_2 + 9)} i_S \tag{4}$$

又因条件告知

$$\frac{u_L}{u_1} = \frac{\dfrac{9R_2}{2(R_1 + R_2 + 9)} i_S}{\dfrac{9}{2} i_S} = \frac{R_2}{R_1 + R_2 + 9} = 0.8 \tag{5}$$

将式(5)代入式(2),得

$$(R_1 + 9) \times 0.8 + R_1 = 9 \text{ k}\Omega$$

解得 $R_1 = 1$ kΩ,将 R_1 的值代入式(5)即得 $R_2 = 40$ kΩ。

点评:该例的解法运用概念灵活,解法巧妙,有分析,有判断,有计算。如果是应用多次分压关系求 u_L/u_1,然后再求 R_1 和 R_2,那么将陷入复杂的数学运算当中,大大增加了解算本题的困难度。

综例 7 电路如综例 7 图所示,求 R_L 分别为 1 Ω、2 Ω 和 3 Ω 时的电流 I_L。

解 本题属复杂、局部求解的顺问题,但求的是负载多次改变时的负载电流。推荐应用戴维宁定理求解。

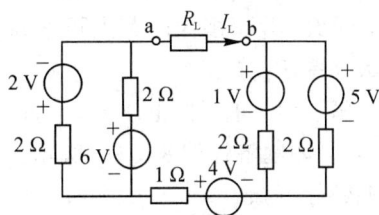

综例 7 图

(1)求开路电压 U_{OC}。自 ab 端断开 R_L,设 U_{OC},I_1,I_2 如题解综例 7 图(a)所示。简单计算可得

$$I_1 = \frac{6+2}{2+2} = 2 \text{ A}$$

$$I_2 = \frac{5-1}{2+2} = 1 \text{ A}$$

则

$$U_{OC} = -2 + 2I_1 + 4 - 2 \times I_2 - 1 = -2 + 2 \times 2 + 4 - 2 \times 1 - 1 = 3 \text{ V}$$

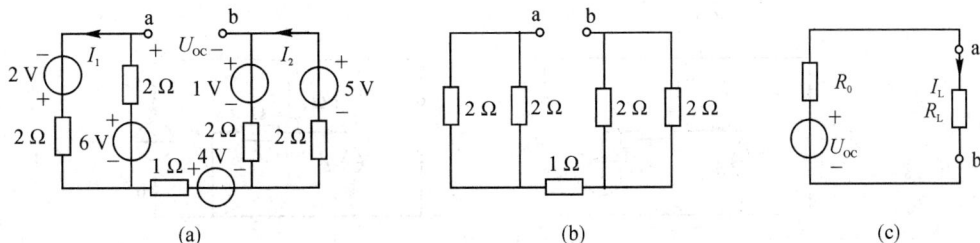

(a)　　　　　　　(b)　　　　　　　(c)

题解综例 7 图

（2）求等效内阻 R_0。求 R_0 的电路如题解综例 7 图（b）所示，则

$$R_0 = 2 \,/\!/\, 2 + 1 + 2 \,/\!/\, 2 = 3 \ \Omega$$

（3）求负载电流 I_L。画出戴维宁等效电源并接上 R_L 如题解综例 7 图（c）所示，则

$$I_L = \frac{U_{OC}}{R_0 + R_L} = \frac{3}{3 + R_L}$$

所以，当 $R_L = 1 \ \Omega$ 时，有

$$I_L = \frac{3}{3+1} = 0.75 \ \text{A}$$

当 $R_L = 2 \ \Omega$ 时，有

$$I_L = \frac{3}{3+2} = 0.6 \ \text{A}$$

当 $R_L = 3 \ \Omega$ 时，有

$$I_L = \frac{3}{3+3} = 0.5 \ \text{A}$$

点评：这类待求支路多次改变求支路上电流或电压或功率的问题，应用等效电源定理求解方便，若选用网孔法、节点法、叠加定理求解，计算过程则较烦琐。如果应用网孔法求解三种情况下的 I_L，需解三次三元联立方程组，显然求解过程是烦琐的。就本例问题来说，端子间的短路电流没有端子间的开路电压容易求解，所以推荐应用戴维宁定理求解。

综例 8 电路如综例 8 图所示，负载 R_L 可任意改变，问 R_L 等于多大时其上可获得最大功率，并求出该最大功率 P_{Lmax}。

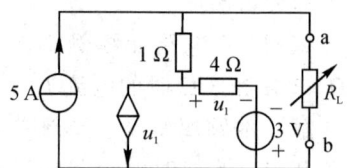

综例 8 图

解 （1）求开路电压 u_{OC}。自 ab 端断开 R_L，设 i_1'，i_2'，u_{OC} 如题解综例 8 图（a）所示。由欧姆定律及受控电流源特性可知

$$i_1' = \frac{u'}{4}, \ i_1' = u_1'$$

又由 KCL 知

$$i_1' + i_2' = 5$$

即

$$\frac{u'}{4} + u_1' = 5 \rightarrow u_1' = 4 \ \text{V}$$

所以

$$u_{OC} = 5 \times 1 + u_1' - 3 = 5 + 4 - 3 = 6 \ \text{V}$$

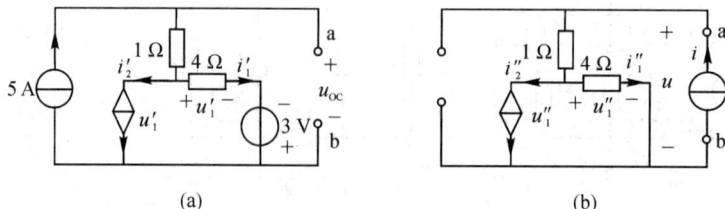

（a）　　　　　　　　　　（b）

题解综例 8 图

（2）求等效内阻 R_0。应用外加电源法求 R_0 的电路如题解综例 8 图(b)所示，再次应用欧姆定律及 KCL，得

$$\frac{1}{4}u''_1 + u''_1 = i$$

即

$$u''_1 = 0.8i$$

又

$$u = 1 \times i + u''_1 = i + 0.8i = 1.8i$$

则

$$R_0 = \frac{u}{i} = 1.8 \ \Omega$$

（3）由最大功率传输定理可知，当

$$R_L = R_0 = 1.8 \ \Omega$$

时，其上可获得最大功率，此时

$$P_{Lmax} = \frac{u_{OC}^2}{4R_0} = \frac{6^2}{4 \times 1.8} = 5 \ W$$

点评：有源线性二端电路一定，负载任意改变求其上获得的最大功率，这就是通常所述的"最大功率问题"。对这类问题的求解形成了与之"配套"的解法，即戴维宁定理或诺顿定理结合最大功率传输定理求解，这种解法最简便。如果遇到这种题型要像"条件反射"一样，毫不犹豫地选择"配套"法求解，而不选网孔法、节点法、叠加定理等其他方法求解，切记！

综例 9 如综例 9 图所示电路中，N 为其内部只含有若干个直流电源的电阻网络，已知 $i_S = 2\cos10t$ A，$R_L = 2 \ \Omega$ 时，电流 $i_L(t) = 4\cos10t + 2$ A；当 $i_S = 4$ A，$R_L = 4 \ \Omega$ 时，电流 $i_L(t) = 8$ A。问当 $i_S = 5$ A，$R_L = 10 \ \Omega$ 时，电流 $i_L(t)$ 为多少？

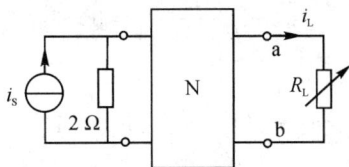

综例 9 图

解 因电阻网络 N 内部结构、元件参数均未知，所以本问题无法用列方程方法求解，即单纯使用等效电源定理或单纯使用叠加定理均不能求解。推荐综合应用概念，将戴维宁定理、叠加定理、齐次定理联合应用求解该问题。

自 ab 端断开 R_L，进行戴维宁定理等效，如题解综例 9 图(b)所示。根据叠加定理将开路电压分为两部分，其中，u_{OC1} 视为激励电流源 i_S 单独作用在 ab 端产生的开路电压部分，应用齐次定理把它表示为

$$u_{OC1} = k_1 i_S$$

式中，k_1 为比例常数，单位为 Ω。

u_{OC2} 看成是电阻网络 N 内部若干个直流电源共同作用在 ab 端产生的开路电压部分，

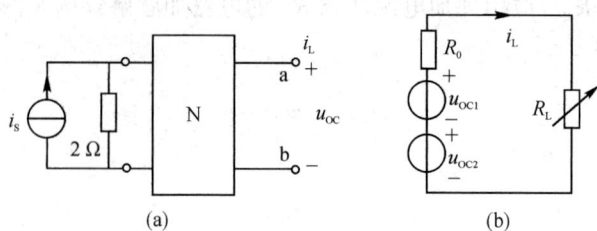

题解综例 9 图

是常数,单位为 V,可将其表示为

$$u_{OC2} = k_2$$

将 u_{OC1} 和 u_{OC2} 叠加写为

$$u_{OC} = u_{OC1} + u_{OC2} = k_1 i_S + k_2$$

显然

$$i_L = \frac{u_{OC}}{R_0 + R_L} = \frac{k_1 i_S + k_2}{R_0 + R_L} \tag{1}$$

将第一组已知条件代入式(1),有

$$\frac{k_1 \times 2\cos10t + k_2}{R_0 + 2} = 4\cos10t + 2$$

比较上式两端对应项的系数,得

$$k_1 = 2R_0 + 4 \tag{2}$$

$$k_2 = 2R_0 + 4 \tag{3}$$

由式(2)、式(3)可知,k_1、k_2 为同一单位制下数值相等的两个常数。

将第二组已知条件代入式(1),有

$$\frac{k_1 \times 4 + k_2}{R_0 + 4} = 8 \tag{4}$$

式(2)、式(3)代入式(4),得

$$\frac{(2R_0 + 4) \times 4 + 2R_0 + 4}{R_0 + 4} = 8 \tag{5}$$

解式(5),得 $R_0 = 6\ \Omega$。再将 $R_0 = 6\ \Omega$ 代入式(2)、式(3),得 $k_1 = 16\ \Omega$,$k_2 = 16\ V$。故将 k_1,k_2 及 $i_S = 5\ A$,$R_0 = 6\ \Omega$,$R_L = 10\ \Omega$ 代入式(1),得

$$i_L = \frac{16 \times 5 + 16}{6 + 10} = 6\ A$$

点评:这个题目有较大难度,主要是几个定理的结合应用。如果遇到的题型与本题的情况相似,应该向与电路定理结合这方面考虑,这是解决难题的好思路。

综例 10 综例 10 图所示的线性电路中,已知当负载电阻 $R_L = 9\ \Omega$ 时,其上电流 $i_L = 0.4\ A$;当 $R_L = 19\ \Omega$ 时,$i_L = 0.2\ A$。求当 $R_L = 3\ \Omega$ 时,电流 $i_L = ?$

解 不要被这个看起来复杂的电路所迷惑,这种题型不要选择网孔法、节点法、叠加定理这些方法求解,推荐选用戴维宁定理或诺顿定理求解。

自 ab 端断开 R_L,并显露出有源线性二端网络的两个端子,先画出戴维宁等效电源,接

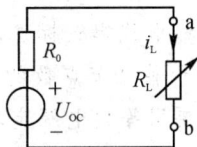

上负载，如题解综例 10 图所示。图中 U_{OC}、R_0 是两个未知量，但可通过两个已知条件求出。可知

$$i_L = \frac{U_{OC}}{R_0 + R_L} \tag{1}$$

将已知条件代入式(1)，得

$$i_L = \frac{U_{OC}}{R_0 + 9} = 0.4 \tag{2}$$

$$i_L = \frac{U_{OC}}{R_0 + 19} = 0.2 \tag{3}$$

解式(2)、式(3)，得

$$U_{OC} = 4 \text{ V}, \ R_0 = 1 \ \Omega$$

将 $U_{OC} = 4$ V，$R_0 = 1$ Ω，$R_L = 3$ Ω 代入式(1)，得

$$i_L = \frac{U_{OC}}{R_0 + R_L} = \frac{4}{1+3} = 1 \text{ A}$$

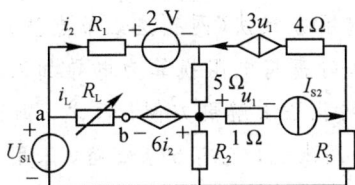

综例 10 图　　　　题解综例 10 图

点评：本题的求解不是按"常规"的戴维宁定理求解问题的步骤进行，而是先画出等效电源。需要注意的是，各独立电源、受控源、各电阻均属二端口网络内部的元件。题目中只给出两种情况的已知条件，若企图通过这两个条件找出网络内部多个未知元件值是不可能的。

综例 11　电路如综例 11 图所示，求各支路电流。

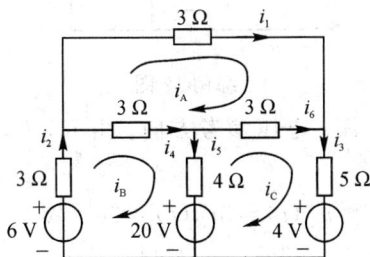

综例 11 图

解　本题属全面求解的顺问题，推荐应用网孔法或节点法求解。

在图示电路中设网孔电流 i_A，i_B，i_C 及支路电流 $i_1 \sim i_6$。观察电路，对照网孔方程通式，直接写出网孔方程：

$$\begin{cases} 9i_A - 3i_B - 3i_C = 0 \\ -3i_A + 10i_B - 4i_C = -14 \\ -3i_A - 4i_B + 12i_C = 16 \end{cases} \rightarrow \begin{cases} 3i_A - i_B - i_C = 0 \\ -3i_A + 10i_B - 4i_C = -14 \\ -3i_A - 4i_B + 12i_C = 16 \end{cases}$$

各系数行列式为

$$\Delta = \begin{vmatrix} 3 & -1 & -1 \\ -3 & 10 & -4 \\ -3 & -4 & 12 \end{vmatrix} = 222, \qquad \Delta_A = \begin{vmatrix} 0 & -1 & -1 \\ -14 & 10 & -4 \\ 16 & -4 & 12 \end{vmatrix} = 0$$

$$\Delta_B = \begin{vmatrix} 3 & 0 & -1 \\ -3 & -14 & -4 \\ -3 & 16 & 12 \end{vmatrix} = -222, \qquad \Delta_C = \begin{vmatrix} 3 & -1 & 0 \\ -3 & 10 & -14 \\ -3 & -4 & 16 \end{vmatrix} = 222$$

所以各网孔电流分别为

$$i_A = \frac{\Delta_A}{\Delta} = \frac{0}{222} = 0 \text{ A}, \ i_B = \frac{\Delta_B}{\Delta} = \frac{-222}{222} = -1 \text{ A}, \ i_C = \frac{\Delta_C}{\Delta} = \frac{222}{222} = 1 \text{ A}$$

根据支路电流等于流经该支路网孔电流的代数关系式，可分别求得

$$i_1 = i_A = 0 \text{ A}, \ i_2 = i_B = -1 \text{ A}, \ i_3 = i_C = 1 \text{ A}$$

$$i_4 = i_B - i_A = -1 \text{ A}, \ i_5 = i_B - i_C = -1 - 1 = -2 \text{ A}$$

$$i_6 = i_C - i_A = 1 - 0 = 1 \text{ A}$$

点评：这种全面求解问题的题型应优先选用方程法（网孔法或节点法）求解。一般的电路图中，电阻大都用欧姆数标注，在用节点法时需将电阻换算为电导加以整理方程，所以在网孔数小于等于独立节点数的情况下选用网孔法求解更方便，反之，则选用节点法更方便。这种题型不要用等效电源定理求解。就本例来说，它有 6 条支路，采用等效电源定理求解要断开 6 次电路，分别求 6 次开路电压、6 个等效内阻（因 π、T 结构连接，本题 6 个等效内阻的求解很困难），还要画 6 个等效电路，求解的过程非常烦琐。

综例 12 综例 12 图所示电路为动态电路，已知 $i_R(t) = e^{-2t}$ A，求 $u(t)$。

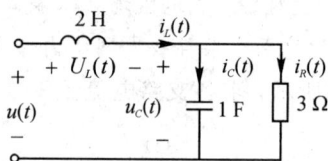

综例 12 图

解 在图示电路中设各电流、电压参考方向。由 R，L，C 元件上电压、电流关系及 KCL、KVL，分别求得

$$u_C(t) = 3i_R(t) = 3e^{-2t} \text{ V}$$

$$i_C(t) = C\frac{du_C}{dt} = 1 \times \frac{d3e^{-2t}}{dt} = -6e^{-2t} \text{ A}$$

$$i_L(t) = i_C(t) + i_R(t) = -6e^{-2t} + e^{-2t} = -5e^{-2t} \text{ A}$$

$$u_L(t) = L\frac{di_L}{dt} = 2 \times \frac{d(-5e^{-2t})}{dt} = 20e^{-2t} \text{ V}$$

所以

$$u(t) = u_L(t) + u_C(t) = 20e^{-2t} + 3e^{-2t} = 23e^{-2t} \text{ V}$$

点评：基本元件 R，L，C 上的电压、电流时域关系是重要的基本概念，学生们务必掌握。本题就是应用基本元件上电压、电流关系结合 KCL、KVL 来求解的。

综例 13　综例 13 图所示电路为线性时不变动态电路，它由一个电阻、一个电感和一个电容组成。已知 $i(t)=(10e^{-t}-20e^{-2t})\,\text{A}$，$u_1(t)=(-5e^{-t}+20e^{-2t})\,\text{V}$，若在 $t=0$ 时电路的总储能为 25 J，试分析确定 R、L、C 之数值。

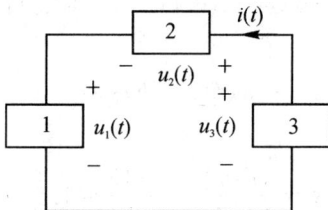

综例 13 图

解　假设各元件上电压、电流参考方向关联，如综例 13 图中所示。1，2，3 元件哪一个是电阻，哪一个是电感，哪一个是电容，题目中并未告知，只能采用试探法，根据已知条件分析判别，进而确定出元件的数值。这里先假设元件 1 为电阻元件，应有

$$R=\frac{u_1(t)}{i(t)}=\frac{-5e^{-t}+20e^{-2t}}{10e^{-t}-20e^{-2t}}$$

由上式可知，分子分母的比值不为常数，即 R 为时间 t 的函数，不是时不变电阻，与已知条件不符，所以应排除元件 1 是电阻。

另设元件 1 为电感元件，应有

$$u_1(t)=L\,\frac{\mathrm{d}i(t)}{\mathrm{d}t}$$

则

$$L=\frac{u_1(t)}{\dfrac{\mathrm{d}i(t)}{\mathrm{d}t}}=\frac{-5e^{-t}+20e^{-2t}}{-10e^{-t}+40e^{-2t}}=\frac{1}{2}\ \text{H}$$

符合时不变的条件，确定电感的数值为 $\dfrac{1}{2}$ H。将 $t=0$ 代入 $i(t)$ 的表达式中，得

$$i(0)=(10e^{-t}-20e^{-2t})\big|_{t=0}=-10\ \text{A}$$

当 $t=0$ 时，电感上的储能为

$$w_L(0)=\frac{1}{2}Li^2(0)=\frac{1}{2}\times\frac{1}{2}\times(-10)^2=25\ \text{J}$$

这一数值等于题目中已知的 $t=0$ 时电路中总的储能，由此判定 $t=0$ 时，电容上的储能为零，即

$$w_C(0)=0$$

假设元件 2 为电阻，元件 3 为电容（或进行相反假设亦可），欲使 $t=0$ 时满足 KVL，必有

$$u_R(0)=u_2(0)=-u_C(0)-u_1(0)$$

考虑

$$w_C(0)=\frac{1}{2}Cu_C^2(0)=0$$

得

$$u_C(0) = 0$$

所以

$$u_R(0) = -u_1(0) = -(-5e^{-t} + 20e^{-2t})|_{t=0} = -15 \text{ V}$$

又

$$u_R(0) = Ri(0)$$

所以

$$R = \frac{u_R(0)}{i(0)} = \frac{-15}{-10} = 1.5 \text{ } \Omega$$

则

$$u_R(t) = Ri(t) = 1.5(10e^{-t} - 20e^{-2t}) = 15e^{-t} - 30e^{-2t} \text{ V}$$

故得

$$u_C(t) = u_3(t) = -u_1(t) - u_R(t) = -10e^{-t} + 10e^{-2t} \text{ V}$$

而

$$u_C(t) = u_C(0) + \frac{1}{C}\int_0^t i(\xi)\mathrm{d}\xi = \frac{1}{C}\int_0^t i(\xi)\mathrm{d}\xi$$

所以

$$C = \frac{\int_0^t i(\xi)\mathrm{d}\xi}{u_C(t)} = \frac{-10e^{-t} + 10e^{-2t}}{-10e^{-t} + 10e^{-2t}} = 1 \text{ F}$$

点评：本问题属动态电路的逆问题，是联合应用元器件时不变性、基本元件时域电压电流关系、KVL 和动态元器件储能等基本概念求解的。该问题求解过程中有分析、判断和计算，运用概念灵活，计算方法巧妙，是一个非常好的题目。

综例 14　综例 14 图所示电路已处于稳态，当 $t=0$ 时开关 S 闭合，求 $t \geqslant 0$ 时的 $i(t)$，并画出其波形。

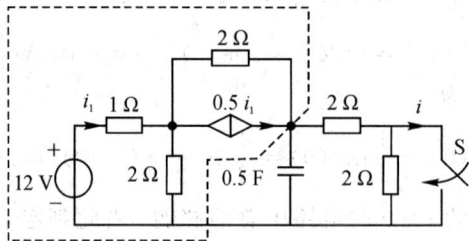

综例 14 图

解　这是复杂一阶动态电路的换路问题，推荐应用三要素公式，结合戴维宁定理等效求解。将原图电路中虚线所围部分应用戴维宁定理等效为题解综例 14 图(a)电路中虚线所围部分。如何求开路电压、等效内阻的过程省略，这里只给出结果。

（1）求初始值 $i(0_+)$。因 $t=0_-$ 时，电路处于直流稳态，视电容 C 为开路，所以由图(a)可得

$$u_C(0_-) = \frac{2+2}{2+2+2} \times 12 = 8 \text{ V}$$

由换路定律，得

$$u_C(0_+) = u_C(0_-) = 8 \text{ V}$$

画 $t=0_+$ 时的等效电路如图(b)所示，显然

$$i(0_+) = \frac{8}{2} = 4 \text{ A}$$

（2）求稳态值 $i(\infty)$。换路后当 $t=\infty$ 时，又达到新的直流稳态，将 C 又视为开路，画 $t=\infty$ 时的等效电路如图(c)所示。容易求得

$$i(\infty) = \frac{12}{2+2} = 3 \text{ A}$$

（3）求时间常数 τ。从动态元器件 C 两端看的等效电阻 R_0 电路如图(d)所示，则

$$R_0 = \frac{2}{2} = 1 \text{ }\Omega$$

$$\tau = R_0 C = 1 \times 0.5 = 0.5 \text{ s}$$

由三要素公式，得

$$i(t) = i(\infty) + [i(0_+) - i(\infty)]e^{-\frac{1}{\tau}t}$$

$$= 3 + (4-3)e^{-\frac{1}{0.5}t} = 3 + e^{-2t} \text{A}, \ t \geqslant 0$$

其波形如图(e)所示。

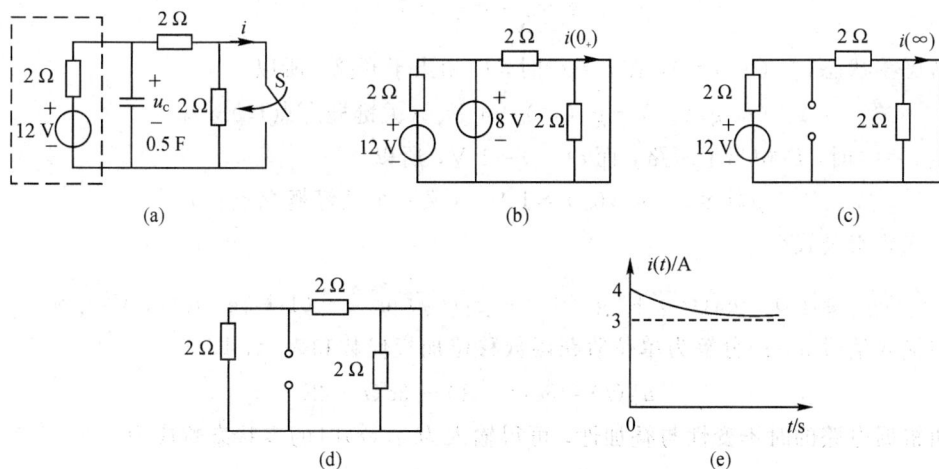

题解综例 14 图

点评：对于较复杂的一阶电路，在不改变待求支路的情况下可以先对电路进行等效，然后再用三要素法进行求解，至于等效的过程可以简化。本问题的求解正是这样的。

综例 15　在综例 15 图(a)所示的电路中，N 是由线性受控源及线性时不变电阻组成的网络，它外露 6 个端子。当 ab 端加单位阶跃电压源 $\varepsilon(t)$，cd 端接 0.25 F 电容时，ef 端零状态响应 $u_{f1}(t) = (4 - 3e^{-2t})\varepsilon(t)$V，求 cd 端改接 2 H 电感，ab 端改接如图(b)所示电压源 $u_S(t)$ 时，ef 端零状态响应 $u_{f2}(t)$。

解 因为已知的 $u_{f1}(t)$ 表达式中只有一个固有频率，即 2 Hz，可判断该电路为一阶电路。cd 端接 0.25 F 电容，此时电路的时间常数为

$$\tau = R_0 C = \frac{1}{2} \rightarrow R_0 = \frac{\tau}{C} = \frac{0.5}{0.25} = 2 \ \Omega$$

上式中，R_0 为从 cd 端看的等效电源内阻。

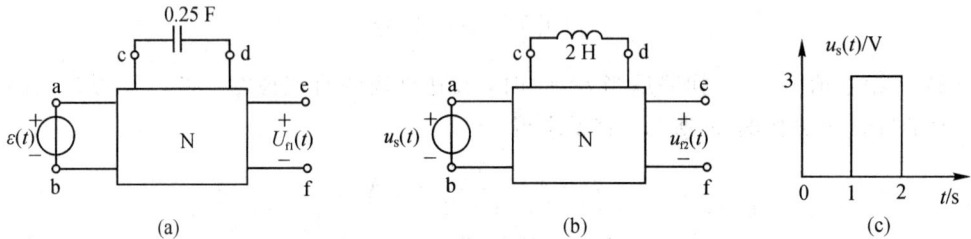

综例 15 图

考虑阶跃响应定义，当 ab 端加电压源 $\varepsilon(t)$、cd 端接电容时，ef 端的零状态响应 $u_{f1}(t)$ 即是此种情况的阶跃响应 $g_1(t)$。所以由 $u_{f1}(t)$ 表达式可求得

$$g_1(0_+) = 1 \ \text{V} \quad (\text{零状态} \rightarrow u_C(0_+) = 0 \rightarrow \text{当} \ t = 0_+ \ \text{时，} C \ \text{相当于短路})$$

$$g_1(\infty) = 4 \ \text{V} \quad (t = \infty \ \text{时达直流稳态，} C \ \text{相当于开路。})$$

如果 ab 端仍加 $\varepsilon(t)$ 电压源，而 cd 端改接 2 H 电感，则 ef 端电压为输出的阶跃响应 $g_2(t)$，则

$$\tau = \frac{L}{R_0} = \frac{2}{2} = 1 \ \text{s}$$

考虑零状态，$i_L(0_+) = 0$，在 $t = 0_+$ 时，L 相当于开路，所以

$$g_2(0_+) = g_1(\infty) = 4 \ \text{V} \quad (\text{关键概念点！})$$

当 $t = \infty$ 时，L 相当于短路，而 $\varepsilon(\infty) = 1 \ \text{V}$，所以

$$g_2(\infty) = g_1(0_+) = 1 \ \text{V} \quad (\text{又一个关键概念点！})$$

由三要素公式得

$$g_2(t) = g_2(\infty) + [g_2(0_+) - g_2(\infty)] e^{-\frac{1}{\tau}t} = (1 + 3e^{-t}) \varepsilon(t) \ \text{V}$$

将输入信号 $u_S(t)$ 分解为单位阶跃函数移位加权代数和表示，即

$$u_S(t) = 3\varepsilon(t-1) - 3\varepsilon(t-2)$$

再根据电路的时不变性与叠加性，可得输入为 $u_S(t)$ 时的零状态响应为

$$u_{f2}(t) = 3g_2(t-1) - 3g_2(t-2)$$

$$= 3[1 + 3e^{-(t-1)}] \varepsilon(t-1) - 3[1 + 3e^{-(t-2)}] \varepsilon(t-2) \ \text{V}$$

点评：将与本题综例 15 图(c)类似的、有突跳的、较复杂的台阶式信号，分解为不同时刻的单位阶跃函数加权代数和表示的形式，再应用阶跃响应、时不变性和叠加性，求台阶式较复杂信号作用时的零状态响应。这种分析电路问题的方法应该掌握好。本题也体现了阶跃函数、阶跃响应和电路时不变性及叠加性的应用思想。

综例 16 综例 16 图所示电路已处于稳态，已知 $u_S(t) = 4\cos 2t \ \text{V}$，当 $t = 0$ 时，开关 S 由 a 打向 b，求 $t \geqslant 0$ 时的电压 $u_{cd}(t)$。

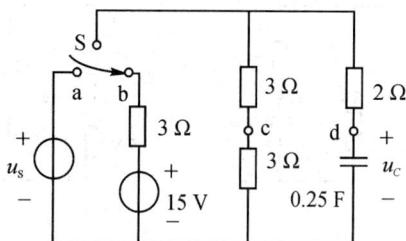

综例 16 图

解　当 $t=0_-$ 时，电路为正弦稳态电路，用相量法求 $u_C(t)$。由正弦电源函数写相量

$$\dot{U}_{Sm}=4\angle0°\ \text{V}$$

阻抗为

$$Z_C=-\text{j}\,\frac{1}{\omega C}=-\text{j}\,\frac{1}{2\times0.25}=-\text{j}2\ \Omega$$

相量模型电路如题解综例 16 图(a)所示，由阻抗串联分压关系得

$$\dot{U}_{Cm}=\frac{-\text{j}2}{2-\text{j}2}\dot{U}_{Sm}=2\sqrt{2}\angle-45°\ \text{V}$$

则

$$u_C(t)=2\sqrt{2}\cos(2t-45°)\ \text{V}$$

令 $t=0_-$ 代入上式，得

$$u_C(0_-)=2\ \text{V},\ u_C(0_+)=u_C(0_-)=2\ \text{V}$$

画 $t=0_+$ 时的等效电路如题解综例 16 图(b)所示。列写节点方程：

$$\left(\frac{1}{3}+\frac{1}{3+3}+\frac{1}{2}\right)V_b(0_+)=\frac{15}{3}+\frac{2}{2}$$

解得 $V_b(0_+)=6\ \text{V}$，所以

$$u_{cd}(0_+)=\frac{3}{3+3}V_b(0_+)-2=1\ \text{V}$$

当 $t=\infty$ 时，C 相当于开路，画 $t=\infty$ 时的等效电路如题解综例 16 图(c)所示。再列写节点
方程：

$$\left(\frac{1}{3}+\frac{1}{3+3}\right)V_b(\infty)=\frac{15}{3}$$

解得 $V_b(\infty)=10\ \text{V}$，所以

$$u_{cd}(\infty)=-\frac{3}{3+3}V_b(\infty)=-5\ \text{V}$$

求 R_0 的电路如题解综例 16 图(d)所示，则

$$R_0=3\ /\!/\ (3+3)+2=4\ \Omega$$

时间常数

$$\tau=R_0C=4\times0.25=1\ \text{s}$$

故得

$$u_{cd}(t)=u_{cd}(\infty)+[u_{cd}(0_+)-u_{cd}(\infty)]\text{e}^{-\frac{1}{\tau}t}=-5+6\text{e}^{-t}\text{V},\ t\geqslant0$$

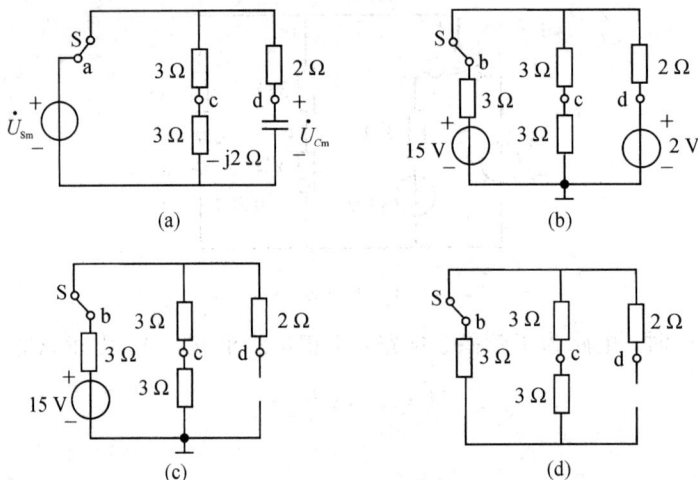

题解综例 16 图

点评：本题换路前的稳态是正弦稳态，在求 $u_C(0_-)$ 时不可将 C 视为开路（切记！），一定先用相量法求出正弦稳态的 $u_C(t)$，再令 $t=0_-$，求出 $u_C(0_-)$。本题是正弦稳态、三要素法相结合求解的题型，至于求初始值、稳态值，有时用节点法，有时用网孔法或等效电源定理。

综例 17   在综例 17 图所示电路中，N_R 为无源纯阻网络。当零状态且激励源 $i_S(t)=4\varepsilon(t)$ A 时，其零状态响应：$i_{Lf1}(t)=2(1-e^{-t})\varepsilon(t)$ A，$u_{Rf1}(t)=(2-0.5e^{-t})\varepsilon(t)$ V，试求当 $i_L(0_-)=2$ A，激励源 $i_S(t)=2\varepsilon(t)$ A 时，电压全响应 $u_R(t)$。

解   由给定的两个零状态响应表达式判定该电路为一阶 RL 动态电路，其时间常数为

$$\tau=1 \text{ s}$$

假设激励为 $i_S(t)=2\varepsilon(t)$ A 时，零状态响应为 u_{Rf2}，则由齐次性知

$$u_{Rf2}(t)=\frac{1}{2}u_{Rf1}(t)=(1-0.25e^{-t})\varepsilon(t)$$

假设激励 $i_S(t)=0$，$i_L(0_-)=2$ A 时，零输入响应为 $u_{Rx}(t)$。

由换路定律可知，$i_L(0_+)=i_L(0_-)=2$ A，画 $t=0_+$ 时的等效电路如题解综例 17 图所示。参看综例 17 图及所给定的响应，有

$$t=\infty \text{ 时}, i_S(\infty)=4 \text{ A}, i_L(\infty)=2 \text{ A}, u_{Rf1}(\infty)=2 \text{ V}$$
$$t=0_+ \text{ 时}, i_S(0_+)=4 \text{ A}, i_L(0_+)=2 \text{ A}, u_{Rf1}(0_+)=1.5 \text{ V}$$

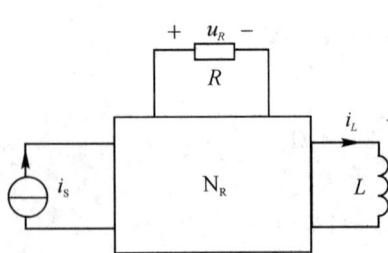

综例 17 图

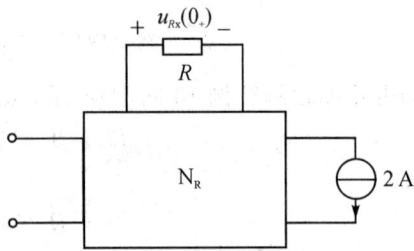

题解综例 17 图

根据替代定理将电感替换为电流源 $i_L(t)$ 并考虑齐次性、叠加性,设

$$u_{Rf1}(0_+) = k_1 i_S(0_+) + k_2 i_L(0_+)$$

$$u_{Rf1}(\infty) = k_1 i_S(\infty) + k_2 i_L(\infty)$$

代入以上分析和计算的数据并加以整理,得以下方程组:

$$\begin{cases} k_1 \times 4 + k_2 \times 0 = 1.5 \\ k_1 \times 4 + k_2 \times 2 = 2 \end{cases} \Rightarrow \begin{cases} k_1 = 0.375 \ \Omega \\ k_2 = 0.25 \ \Omega \end{cases}$$

参看题解综例 17 图,得

$$u_{Rx}(0_+) = k_2 \times 2 = 0.25 \times 2 = 0.5 \ \text{V}$$

对于电阻上电压 $u_{Rx}(t)$,当 $t = \infty$ 时,$u_{Rx}(\infty)$ 一定等于零。若不为零,从换路到 $t = \infty$,R 上一定是耗能无限大,意味着原来动态元器件上储存能量要无限大,这在实际中是不可能实现的。因电路结构无变化,故时间常数不变,即 $\tau = 1 \ \text{s}$,代入三要素公式,得零输入响应为

$$u_{Rx}(t) = u_{Rx}(\infty) + [u_{Rx}(0_+) - u_{Rx}(\infty)] e^{-\frac{1}{\tau}t} = 0.5 e^{-t} \varepsilon(t) \ \text{V}$$

故得全响应

$$u_R(t) = u_{Rx}(t) + u_{Rf2}(t) = 0.5 e^{-t} \varepsilon(t) + [1 - 0.25 e^{-t}]$$

$$= (1 + 0.25 e^{-t}) \varepsilon(t) \ \text{V}$$

点评:求解这个题目用到了替代、齐次、叠加定理以及三要素公式,逐步分析、分层计算,定性、定量相结合是求解本问题的关键。

综例 18　综例 18 图所示为正弦稳态相量模型电路,已知有效值 $U_L = U_R = U_C$,求电源电压有效值 U_S。

解　本问题属于简单、正弦稳态的逆问题,推荐应用阻抗串、并联结合 KCL、KVL 相量形式求解。

选与 L、C 串联的 10 Ω 电阻上电压相量作为参考相量,即

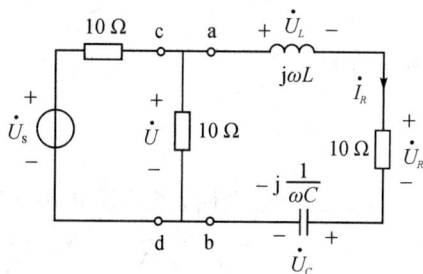

综例 18 图

$$\dot{U}_R = U_R \angle 0° = 10 \angle 0° \ \text{V}$$

则电流

$$\dot{I}_R = \frac{\dot{U}_R}{10} = \frac{10 \angle 0°}{10} = 1 \angle 0° \ \text{V}$$

电压

$$\dot{U}_L = 10 \angle 90° \ \text{V}, \ \dot{U}_C = 10 \angle -90° \ \text{V}$$

所以阻抗

$$Z_L = \frac{\dot{U}_L}{\dot{I}_R} = \text{j}10 \ \Omega, \ Z_C = \frac{\dot{U}_C}{\dot{I}_R} = -\text{j}10 \ \Omega$$

$$Z_{ab} = \text{j}10 + 10 + (-\text{j}10) = 10 \ \Omega$$

$$Z_{cd} = 10 \ /\!/ \ Z_{ab} = 10 \ /\!/ \ 10 = 5 \ \Omega$$

电压

$$\dot{U} = \frac{Z_{cd}}{10 + Z_{cd}} \dot{U}_S = Z_{ab} \dot{I}_R = 10\angle 0° \text{ V}$$

即 $\dfrac{5}{10+5} \dot{U}_S = 10\angle 0°$，解得 $\dot{U}_S = 30 < 0°$ V，故得 $U_S = 30$ V。

点评：在用相量法分析正弦稳态电路时，原则上讲，串联部分选电流相量作参考相量（假设初相位为零度），并联部分选电压相量作为参考相量，而对于既有串联、又有并联的混联电路，那就要灵活机动地选参考相量，可以选电流相量作为参考相量，也可以选电压相量作为参考相量，不能一概而论，要具体问题具体分析。对于简单正弦稳态电路问题，常在选取了参考相量后画出相量图，辅助问题求解。

综例 19　综例 19 图所示的正弦稳态相量模型电路，已知 $\dot{U}$ 与 $\dot{I}$ 同相位，电压有效值 $U=20$ V，电路吸收的平均功率 $P=100$ W，求 X_C 和 X_L。

解　本问题亦属于简单、正弦稳态的逆问题，推荐应用计算平均功率公式结合阻抗串并联等效求解。由

$$P = UI\cos(\varphi_u - \varphi_i) = UI\cos 0° = UI$$

得

$$I = \frac{P}{U} = \frac{100}{20} = 5 \text{ A}$$

据阻抗定义，有

$$Z_{ab} = \frac{\dot{U}}{\dot{I}} = \frac{20}{5} = 4\Omega \tag{1}$$

由综例 19 图所示电路，根据阻抗串并联关系，得

$$Z_{ab} = jX_L + \frac{5 \times jX_C}{5 + jX_C} = \frac{5X_C^2}{25 + X_C^2} + j\left(X_L + \frac{25X_C}{25 + X_C^2}\right) \tag{2}$$

令式(2)等于式(1)，有

$$\frac{5X_C^2}{25 + X_C^2} = 4 \rightarrow X_C = -10 \ \Omega \quad （正根无意义，舍去）$$

$$X_L + \frac{25X_C}{25 + X_C^2} = 0 \rightarrow X_L = 2 \ \Omega$$

点评：学生应熟练掌握正弦稳态电路中的平均功率计算公式，要会灵活应用。本问题求解中还应用了阻抗定义及串并联计算式这样一些最基本的概念。

综例 20　在综例 20 图所示的正弦稳态电路中，已知 $u_S(t) = 100\sqrt{2}\cos\omega t$ V，$\omega L_2 = 120$ Ω，$\omega M = 1/\omega C = 20$ Ω，$R = 100$ Ω，Z_L 可任意改变，问 Z_L 为何值时其上可获得最大功率，并求出该最大功率 P_{Lmmx}。

解　先根据互感线圈绕向判别 ac 端为同名端，画 T 形去耦等效电路并断开负载阻抗，设开路电压 $\dot{U}_{OC}$，如题解综例 20 图(a)所示。

(1) 求开路电压 $\dot{U}_{OC}$。由 $u_S(t)$ 正弦时间函数写相量

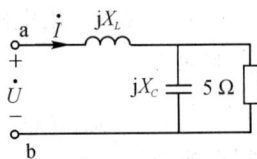

$$\dot{U}_{\mathrm{S}} = 100\angle 0^\circ \text{ V}$$

阻抗

$$Z_{\mathrm{ef}} = \mathrm{j}20 + (-\mathrm{j}20) = 0$$

所以 ef 端相当于短路，则

$$\dot{U}_{\mathrm{OC}} = \frac{\mathrm{j}100}{100 + \mathrm{j}100} \times 100\angle 0^\circ = 50\sqrt{2}\angle 45^\circ \text{ V}$$

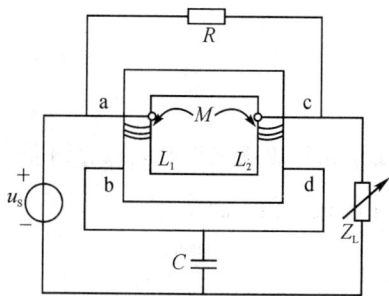

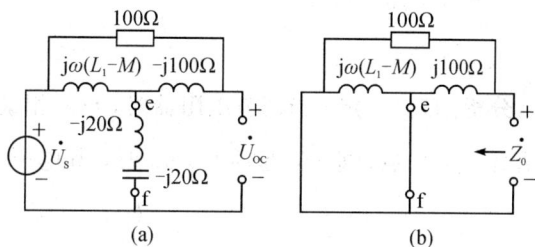

综例 20 图   题解综例 20 图

（2）求等效内阻抗 Z_0。将题解综例 20 图(a)中 $\dot{U}_{\mathrm{S}}$ 电压源短路，画求 Z_0 电路，如题解综例 20 图(b)所示。则得

$$Z_0 = 100 \,/\!/\, \mathrm{j}100 = 50 + \mathrm{j}50 \text{ }\Omega$$

（3）由共轭匹配条件可知

$$Z_{\mathrm{L}} = Z_0^* = 50 - \mathrm{j}50 \text{ }\Omega$$

此时，其上可获得最大功率，有

$$P_{\mathrm{Lmax}} = \frac{U_{\mathrm{OC}}^2}{4R_0} = \frac{(50\sqrt{2})^2}{4 \times 50} = 25 \text{ W}$$

点评：互感同名端判定、T 形去耦等效、戴维宁定理、共轭匹配条件联合应用求得本问题的最大功率，这是一个包含有多概念点综合应用的题目。

综例 21 综例 21 图所示的正弦稳态电路，已知电压有效值 $U = 10$ V，$\omega = 10^4$ rad/s，$R_1 = 3$ kΩ。调节电阻器使电压表（内阻无限大）读数为最小值，这时 $R_2 = 900$ Ω，$R_3 = 1600$ Ω，求电压表的最小读数和电容的值。

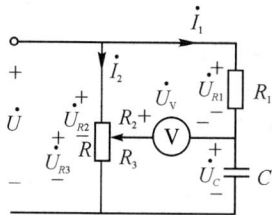

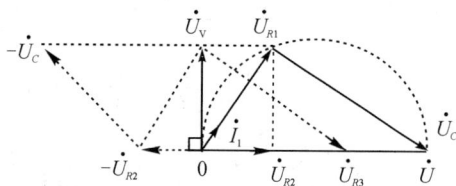

综例 21 图   题解综例 21 图

解 在综例 21 图电路上设各电压电流参考方向，并设 $\dot{U}$ 初相位为零度，则

$$\dot{U}_{R2} = \frac{900}{900 + 1600} \times 10 = 3.6 \text{ V}$$

$$\dot{U}_{R3} = \dot{U} - \dot{U}_{R2} = 6.4 \text{ V}$$

电流 $\dot{I}_1$ 为容性支路上的电流，它超前 $\dot{U}$ 某个角度，$\dot{U}_{R1}$ 与 $\dot{I}_1$ 同相位，$\dot{U}_C$ 滞后 $\dot{I}_1$ 90°，亦即滞后 $\dot{U}_{R1}$ 90°。相量图如题解综例 21 图所示。又

$$\dot{U}_{R1} + \dot{U}_C = \dot{U}$$

由相量直角三角形关系，得

$$U_C^2 + U_{R1}^2 = 10^2 = 100 \text{ V} \tag{1}$$

电压表两端电压相量

$$\dot{U}_V = \dot{U}_{R1} - \dot{U}_{R2}$$

分析：$\dot{U}_{R1}$ 一定，当调节电阻器时，$\dot{U}_{R2}$ 相量变化，$\dot{U}_V$ 相量也随之变化，只有当 $\dot{U}_V$ 相量垂直 $\dot{U}_{R2}$ 相量，即 $\dot{U}_V$ 超前 $\dot{U}_{R2}$ 90°时，其电压表读数才为最小值。因此，有

$$\dot{U}_{R1} - \dot{U}_{R2} = \dot{U}_{Vmin}^2 \tag{2}$$

又

$$\dot{U}_{R3} - \dot{U}_C = \dot{U}_V$$

作类似分析，可得

$$U_C^2 - U_{R3}^2 = U_{Vmin}^2 \tag{3}$$

式(3)减去式(2)并代入 $\dot{U}_{R2}$、$\dot{U}_{R3}$ 的数值，得

$$U_C^2 - U_{R1}^2 = U_{R3}^2 - U_{R2}^2 = 6.4^2 - 3.6^2 = 28 \text{ V} \tag{4}$$

式(1)加上式(4)，得

$$U_C = 8 \text{ V} \quad （负根无意义，舍去）$$

将 $U_C = 8$ V 代入式(1)，得

$$U_{R1} = 6 \text{ V}$$

再将 U_{R1}、U_{R2} 代入式(2)，得

$$U_{Vmin} = \sqrt{6^2 - 3.6^2} = 4.8 \text{ V}$$

因

$$\frac{U_C}{U_{R1}} = \frac{\dfrac{1}{\omega C}}{R_1} = \frac{8}{6} = \frac{4}{3}$$

所以

$$\frac{1}{\omega C} = \frac{4}{3} \times 3000 = 4000 \text{ } \Omega$$

故得电容

$$C = \frac{1}{4000\omega} = \frac{1}{4000 \times 10^4} = 0.025 \text{ } \mu F$$

点评：画出相量图，利用直角三角形找出各相量间的几何关系，是简便求解本问题的关键步骤。求解过程中分析出 $\dot{U}_V$ 相量垂直 $\dot{U}_{R2}$ 相量时，电压表读数最小，是求解本问题的难点之处。

综例 22 综例 22 图所示的含有理想变压器的正弦稳态相量模型电路，负载阻抗 Z_L 可以任意改变，问 Z_L 为何值时其上可获得最大功率，并求出该最大功率 P_{Lmax}。

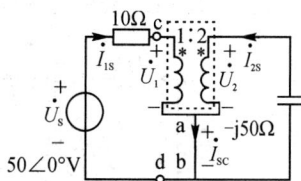
综例 22 图

解 （1）求开路电压 $\dot{U}_{OC}$。自 ab 端断开 Z_L，设开路电压 $\dot{U}_{OC}$ 如题解综 22 图(a)所示。为满足理想变压器变流关系，由题解综例 22 图(a)可知

$$\dot{I}_{10} = 0, \quad \dot{I}_{20} = 0$$

由 KVL，得

$$\dot{U}_{10} = -10\dot{I}_{10} + \dot{U}_S - \dot{U}_{OC} = \dot{U}_S - \dot{U}_{OC}$$

依变压关系及对次级回路应用 KVL，得

$$\dot{U}_{20} = 2\dot{U}_{10} = 2\dot{U}_S - 2\dot{U}_{OC} = -\dot{U}_{OC}$$

解得

$$\dot{U}_{OC} = 2\dot{U}_S = 100\angle 0° \text{ V}$$

（2）求等效内阻抗 Z_0。将题解综例 22(a)图中 ab 端短路，设短路电流 $\dot{I}_{SC}$，$\dot{I}_{1S}$ 及 $\dot{I}_{2S}$ 参考方向如题解综例 22 图(b)所示，应用阻抗变换关系，得

$$Z_{cd} = \left(\frac{1}{2}\right)^2 \times (-j50) = -j12.5 \ \Omega$$

则

$$\dot{I}_{1S} = \frac{\dot{U}_S}{10 + Z_{cd}} = \frac{50}{10 - j12.5} \text{ A}$$

由变流关系，得

$$\dot{I}_{2S} = -\frac{1}{2}\dot{I}_{1S} = \frac{-25}{10 - j12.5} \text{ A}$$

由 KCL，得

$$\dot{I}_{SC} = \dot{I}_{1S} + \dot{I}_{2S} = \frac{25}{10 - j12.5} \text{ A}$$

所以等效电源内阻抗

$$Z_0 = \frac{\dot{U}_{OC}}{\dot{I}_{SC}} = 40 - j50 \ \Omega$$

（3）画出戴维宁等效电源，接上负载阻抗 Z_L。由共轭匹配条件可知

$$Z_L = Z_0^* = 40 + j50 \ \Omega$$

时，其上可获得最大功率。此时

$$P_{Lmax} = \frac{U_{OC}^2}{4R_0} = \frac{100^2}{4 \times 40} = 62.5 \text{ W}$$

点评： 理想变压器的三特性：变压、变流、变阻抗是重要的基本概念，应切实掌握好。由理想变压器的阻抗变换关系可知次级开路初级亦开路、次级短路初级亦短路的重要结论。本问题的求解，综合应用到了变流关系、变压关系、等效电源定理、开路短路法求内阻

抗、KCL、KVL、共轭匹配条件等基本概念。这个问题不要用排方程求解，因为更烦琐。

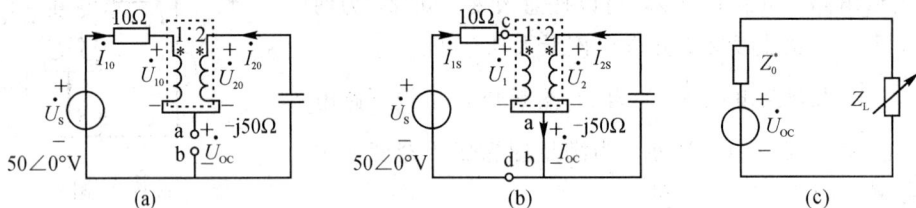

题解综例 22 图

综例 23 综例 23 图所示的是正弦稳态电路，R，L，C
均为常数。已知 $i_S(t)=6\sqrt{2}\cos(\omega t+45°)$ A，其中，ω 可以改
变，当 $\omega=\omega_1$ 时，电流有效值 $I_1=3$ A，求当 $\omega=2\omega_1$ 时的电
流 $i_2(t)$。

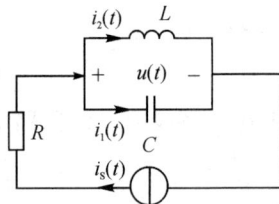

综例 23 图

解 阻抗为

$$Z_L=j\omega L$$

$$Z_C=\frac{1}{j\omega C}$$

写相量

$$i_S(t)\to\dot{I}_S=6\angle 45° \text{ A}$$

相量模型电路如题解综例 23 图(a)所示。

分析：角频率改变引起电感、电容的阻抗变化，ab 端电压变化，进而使电流相量变化。
可表示为

$$\omega\nearrow\to Z_{ab}\nearrow\to\begin{cases}\left.\begin{array}{c}\dot{U}\nearrow\\Z_C\nearrow\end{array}\right\}\to\dot{I}_1\searrow\\\left.\begin{array}{c}Z_L\nearrow\\\dot{U}\nearrow\end{array}\right\}\to\dot{I}_2\nearrow\end{cases}$$

但因 LC 为并联电路，故无论 ω 如何变化，$\dot{I}_1$ 和 $\dot{I}_2$ 始终是反相的，且二者有效值之差始终
等于 6 A（电流源的有效值）。ω 变化时，ab 端或者等效为纯电感（如 $\omega=\omega_1$），或者等效为纯
电容（如 $\omega=2\omega_1$），或者等效为无限大即开路（并联谐振时）。

当 $\omega=\omega_1$ 时，ab 端等效为纯电感，相量 $\dot{U}$ 超前相量 $\dot{I}_S$ 90°，各电流及电压的相量图如
题解综例 23 图(b)所示。由相量图可知

$$\left.\begin{array}{c}I_1=3\text{ A}\\I_2-I_1=6\text{ A}\end{array}\right\}\to I_2=9\text{A}$$

由阻抗并联时电流有效值之比等于相并联二阻抗模值之反比关系，得

$$\frac{I_1}{I_2}=\frac{\omega_1 L}{\dfrac{1}{\omega_1 C}}=\omega_1^2 LC=\frac{3}{9}=\frac{1}{3}\tag{1}$$

当 $\omega=2\omega_1$ 时，ab 端等效为纯电容，相量 $\dot{U}$ 滞后相量 $\dot{I}_S$ 90°，各电流及电压的相量图如题解
综例 23 图(c)所示。由相量图可知

$$\frac{I_1'}{I_2'} = \frac{2\omega_1 L}{\dfrac{1}{2\omega_1 L}} = 4\omega_1^2 LC = \frac{4}{3} \tag{2}$$

注意此时 $i_1' > i_2'$，且有

$$I_1' - I_2' = 6 \tag{3}$$

联立式(2)、式(3)，得

$$I_1' = 24 \text{ A}, \ I_2' = 18 \text{ A}$$

由相量图可知 I_2 的初相位是 $-135°$，所以时间函数为

$$i_2(t) = 18\sqrt{2}\cos(2\omega_1 t - 135°) \text{ A}$$

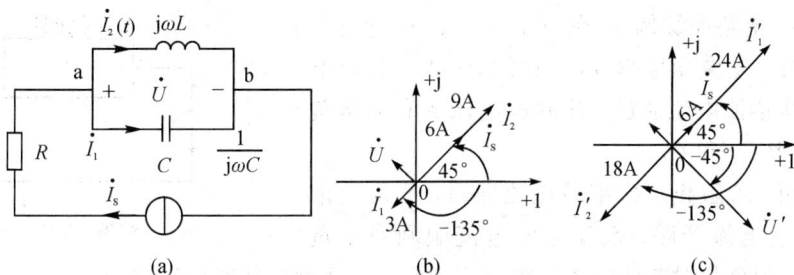

题解综 23 图

点评：此题看起来是结构很简单的一个正弦稳态电路，但求解起来却不是那么简单。特别需要注意，在依据基本概念分析清楚以后一定要画出相量图，否则，求解过程就会很复杂。

综例 24　综例 24 图所示的正弦稳态相量模型电路，已知阻抗 $Z_1 = (10 + j50) \ \Omega$，$Z_2 = (400 - j1000) \ \Omega$，试问：

(1) 为使 $\dot{U}$ 与 $\dot{I}_2$ 正交，β 应等于多少？

(2) 为使从 ab 端看的电路呈现感性，问 β 的取值必须大于多少？

解　分析：$\dot{U}$ 与 $\dot{I}_2$ 正交，即 $\dot{U}$ 与 $\dot{I}_2$ 相位差 $90°$，只要使 $\dot{U}/\dot{I}_2$ 的实部为零即可。为使从 ab 端看电路呈现感性，则要求该段电路阻抗的虚部大于零。

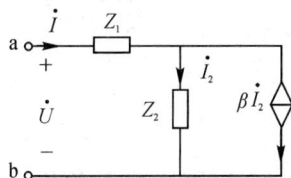

综例 24 图

(1) 由 KCL 方程，有

$$\dot{I} = \dot{I}_2 + \beta \dot{I}_2 \tag{1}$$

由 KVL 方程，有

$$\dot{U} = Z_1 \dot{I} + Z_2 \dot{I}_2 \tag{2}$$

将式(1)代入式(2)，解得的比值并代入 Z_1，Z_2 的数值，有

$$\frac{\dot{U}}{\dot{I}_2} = (1 + \beta)Z_1 + Z_2 = 10(1 + \beta) + 400 + j[50(1 + \beta) - 1000]$$

为使 $\dot{U}$ 与 $\dot{I}_2$ 正交，令上式实部为零，即

$$10(1+\beta)+400=0 \quad \rightarrow \quad \beta=-41$$

（2）由式（1）和式（2）消去变量 $\dot{I}_2$，可得阻抗

$$Z_{ab}=\frac{\dot{U}}{\dot{I}_2}=Z_1+\frac{Z_2}{1+\beta}=10+\frac{400}{1+\beta}+j\left(50-\frac{1000}{1+\beta}\right)$$

为使从 ab 端看的电路呈现感性，令 Z_{ab} 的虚部大于零，即

$$50-\frac{1000}{1+\beta}>0 \quad \rightarrow \quad \beta>19$$

点评：若两个相量正交，则两相量之比的实部必须为零。二端电路阻抗的虚部若大于零，则该电路呈现感性；若小于零，则呈现容性；若等于零，则呈现阻性（谐振状态）。

综例 25　电路如综例 25 图所示，$u_S(t)$ 中含有基波及谐波成分，基波角频率 $\omega_1=1000$ rad/s。若使电路能阻止二次谐波电流通过，让基波电流顺利通至负载电阻 R_L，求 C_1 和 C_2。

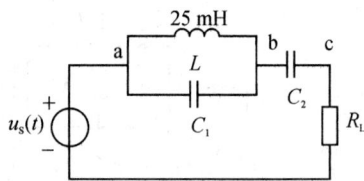

解　分析：若阻止二次谐波电流通过，则应使电路对二次谐波电流开路；欲使基波电流顺利通至负载，则从电源到负载对基波电流的阻抗应为零。可通过串并联谐振实现。

综例 25 图

令电感 L 与 C_1 对 $2\omega_1$ 发生并联谐振，这时，$Z_{ab}(j2\omega_1)=\infty$，相当于开路，所以阻止二次谐波电流通过。由并联谐振角频率公式，有

$$\frac{1}{\sqrt{LC_1}}=2\omega_1 \quad \rightarrow \quad C_1=\frac{1}{4\omega_1^2 L}=\frac{1}{4\times 1000^2 \times 25\times 10^{-3}}=10 \ \mu F$$

当 $\omega<2\omega_1$ 时，L 与 C_1 并联电路可等效成一个电感 $L_{eq}(\omega)$，若使 $L_{eq}(\omega_1)$ 与 C_2 发生串联谐振，这时，$Z_{ac}(j\omega_1)=0$，相当于短路，所以基波电流可顺利通至负载。

$$\frac{j\omega_1 L \cdot \dfrac{1}{j\omega_1 C_1}}{j\omega_1 L+\dfrac{1}{j\omega_1 C_1}}+\frac{1}{j\omega_1 C_2}=0$$

将 ω_1，L 和 C_1 的数值代入上式，解得

$$C_2=30 \ \mu F$$

点评：这是一个选频滤波电路，当基波信号作用时，让其顺利通过达至负载，而对二次谐波信号电流隔断不让其送达负载，对其他谐波项电路呈现不同程度的衰减作用。

综例 26　在综例 26 图所示的正弦稳态电路中，已知理想变压器的输入电压 $u_1(t)=440\cos(1000t-45°)$ V，电流表是理想的，阻抗 Z 中的电阻部分 $R=50$ Ω，电抗部分可任意改变。试求：

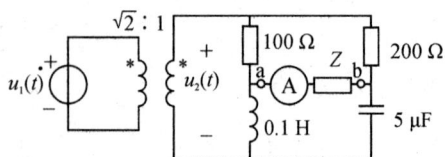

（1）电流表中流过最大电流时，Z 是什么性质的阻抗，并求出 Z 的值。

综例 26 图

（2）电流表的最大读数 I_{max} 为何值？并求出此时阻抗 Z 吸收的平均功率 P_Z。

解　　　　　$Z_L=j\omega L=j1000\times 0.1=j100$ Ω

$$Z_C = \frac{1}{\mathrm{j}\omega C} = \frac{1}{\mathrm{j}1000 \times 5 \times 10^{-6}} = -\mathrm{j}200\ \Omega$$

由 $u_1(t)$ 正弦时间函数写相量：

$$\dot{U}_1 = \frac{440}{\sqrt{2}}\angle -45° = 220\sqrt{2}\angle -45°\ \mathrm{V}$$

画相量模型电路并自 ab 端断开电路，设开路电压 $\dot{U}_{\mathrm{OC}}$ 如题解综例 26 图(a)所示。

由理想变压器变压关系，得

$$\dot{U}_2 = \frac{1}{\sqrt{2}}\dot{U}_1 = \frac{1}{\sqrt{2}} \times 220\sqrt{2}\angle -45° = 220\angle -45°\ \mathrm{V}$$

所以开路电压为

$$\dot{U}_{\mathrm{OC}} = \frac{200}{200 - \mathrm{j}200}\dot{U}_2 - \frac{100}{100 - \mathrm{j}100}\dot{U}_2 = 220\angle 45°\ \mathrm{V}$$

将题解综例 26 图(a)中电压源 $\dot{U}_1$ 短路，如题解综例 26 图(b)所示。考虑理想变压器阻抗变换关系，cd 端相当于短路，故从 ab 端看的等效电源内阻抗为

$$Z_0 = 100\ /\!/\ \mathrm{j}100 + 200\ /\!/\ (-\mathrm{j}200) = (150 - \mathrm{j}50)\ \Omega$$

画出戴维宁等效电源并接上电流表及阻抗 Z，如题解综例 26 图(c)所示。

(1) 由题解综例 26 图(c)可见，当阻抗 Z 的虚部改变与 Z_0 的虚部正好抵消，即为 $\mathrm{j}50\ \Omega$ 时则可使电流表读数最大。所以阻抗为

$$Z = (50 + \mathrm{j}50)\ \Omega$$

Z 为感性阻抗。

(2) 显然由题解综例 26 图(c)可算出此时的最大电流值为

$$I_{\max} = \frac{U_{\mathrm{OC}}}{\mathrm{Re}[Z_0] + \mathrm{Re}[Z]} = \frac{220}{150 + 50} = 1.1\ \mathrm{A}$$

此时阻抗 Z 吸收的平均功率为

$$P_Z = I_{\max}^2 \mathrm{Re}[Z] = 1.1^2 \times 50 = 60.5\ \mathrm{W}$$

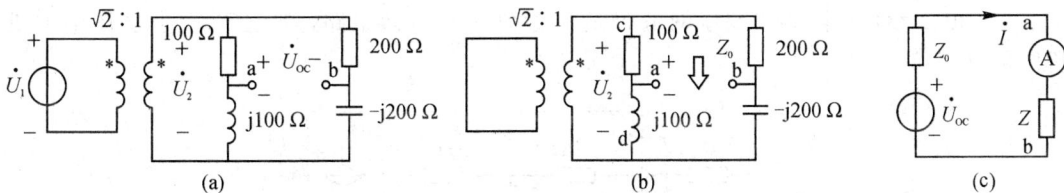

题解综例 26 图

点评：将戴维宁定理、理想变压器特性、阻抗串并联、串联谐振特点等基本概念和方法联合应用，求解本问题。按本题的求解思路，求解这类问题是最简便的。

综例 27　综例 27 图所示电路，虚线框所围部分看成是含有受控源的电阻二端口网络 N。

(1) 计算二端口网络的 z 参数，并判别该二端口网络的互易性、对称性。

(2) 画出该二端口网络的 z 参数 T 形等效电路。

(3) 求该二端口网络的输入阻抗 Z_{in} 和输出阻抗 Z_{out}。

（4）求输入端口电流 $\dot{I}_1$、输出端口电流 $\dot{I}_2$ 及负载电阻 R_L 上消耗的平均功率 P_L。

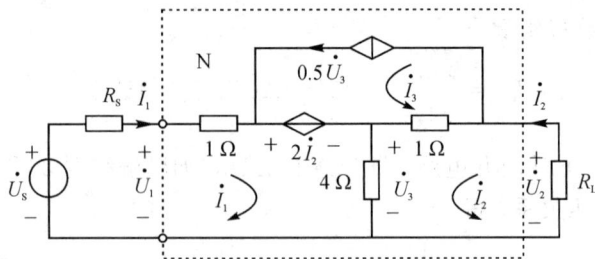

综例 27 图

解　（1）此问题应用定义求 z 参数的方法复杂，推荐用回路法排列方程与标准的 z 方程对照求得 z 参数。在图示电路上设网孔电流 $\dot{I}_1$，$\dot{I}_2$，$\dot{I}_3$，如综例 27 图所示。显然 $\dot{I}_3 = 0.5\dot{U}_3$，列方程为

$$\begin{cases} \dot{U}_1 = 5\dot{I}_1 + 6\dot{I}_2 \\ \dot{U}_2 = 4\dot{I}_1 + 5\dot{I}_2 - 0.5\dot{U}_3 \\ \dot{U}_3 = 4(\dot{I}_1 + \dot{I}_2) \end{cases} \tag{1}$$

将式(1)中的第 3 个方程代入第 2 个方程，得

$$\begin{cases} \dot{U}_1 = 5\dot{I}_1 + 6\dot{I}_2 \\ \dot{U}_2 = 2\dot{I}_1 + 3\dot{I}_2 \end{cases} \tag{2}$$

将式(2)与 z 方程标准形式进行比较，得 z 参数矩阵：

$$\mathbf{Z} = \begin{bmatrix} z_{11} & z_{12} \\ z_{21} & z_{22} \end{bmatrix} = \begin{bmatrix} 5 & 6 \\ 2 & 3 \end{bmatrix} \Omega$$

由 z 参数矩阵可知 $z_{12} \neq z_{21}$，$z_{11} \neq z_{22}$，所以该二端口网络 N 是非互易、非对称的网络。

（2）由 z 参数矩阵画二端口网络 N 的 z 参数 T 形等效电路，如题解综例 27 图中虚线所围部分。

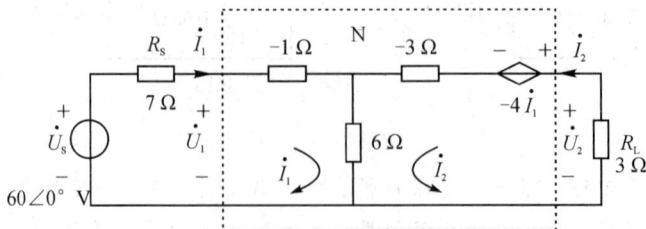

题解综例 27 图

（2）设网孔电流 $\dot{I}_1$ 和 $\dot{I}_2$，列写网孔方程：

$$\begin{cases} 5\dot{I}_1 + 6\dot{I}_2 = \dot{U}_1 \\ 6\dot{I}_1 + 3\dot{I}_2 - 4\dot{I}_1 = \dot{U}_2 \end{cases} \longrightarrow \begin{cases} 5\dot{I}_1 + 6\dot{I}_2 = \dot{U}_1 \\ 2\dot{I}_1 + 3\dot{I}_2 = \dot{U}_2 \end{cases}$$

将 $\dot{U}_2 = -3\dot{I}_2$ 代入上式化简整理，得

$$\begin{cases} 5\dot{I}_1 + 6\dot{I}_2 = \dot{U}_1 \\ 2\dot{I}_1 + 6\dot{I}_2 = 0 \end{cases} \tag{3}$$

解得

$$Z_{in} = \frac{\dot{U}_1}{\dot{I}_1} = 3 \ \Omega$$

二端口网络的输出阻抗即是从输出端口向输入端口看的戴维宁等效源内阻抗，令 $\dot{U}_S = 0$，由题解综 27 图再次列出方程，有

$$\begin{cases} 5\dot{I}_1 + 6\dot{I}_2 = \dot{U}_1 \\ 2\dot{I}_1 + 3\dot{I}_2 = \dot{U}_2 \end{cases}$$

将 $\dot{U}_1 = (\dot{U}_S - 7\dot{I}_1)|_{\dot{U}_S = 0} = -7\dot{I}_1$ 代入上式并整理，得

$$\begin{cases} 12\dot{I}_1 + 6\dot{I}_2 = 0 \\ 2\dot{I}_1 + 3\dot{I}_2 = \dot{U}_2 \end{cases} \quad \rightarrow \quad Z_{out} = \frac{\dot{U}_2}{\dot{I}_2}\bigg|_{\dot{U}_S = 0} = 2 \ \Omega$$

（3）参看题解综例 27 图，联系输入阻抗概念，显然输入端口电流为

$$\dot{I}_1 = \frac{\dot{U}_S}{R_S + Z_{in}} = \frac{60\angle 0°}{7 + 3} = 6\angle 0° \ A$$

由式（3）得

$$\dot{I}_1 = -\frac{1}{3}\dot{I}_1 = -\frac{1}{3} \times 6\angle 0° = 2\angle 180° \ A$$

所以负载电阻 R_L 上消耗的平均功率为

$$P_L = I_2^2 R_L = 2^2 \times 3 = 12 \ W$$

点评：本题是二端口网络综合性的题目，求网络参数 z，画 z 参数 T 形等效电路，求输入、输出阻抗，求端口电流及负载上消耗功率。本题在求输入、输出阻抗时，不是套用公式求的，而是在画出二端口网络的等效电路以后，列方程应用输入、输出阻抗最基本的定义式求解的。

综例 28 综例 28 图所示电路，虚线框围起来的部分是由纯电抗元件构成的二端口网络 N，把它插入到电源与负载之间，负载电阻 $R_L = 30 \ \Omega$ 是不能改变的。已知电源的内阻 $R_S = 120 \ \Omega$，$\dot{U}_S = 240\angle 0° \ V$。

（1）若不插入网络 N，直接将负载与电源相接，求负载上消耗的功率 P_{L1}。

（2）若将网络 N 插入负载与电源之间，如综例 28 图中所示，再求负载上消耗的功率 P_{L2}。

解 （1）若直接将负载与电源相接，如题解综例 28 图所示。显然

$$\dot{I}_L = \frac{\dot{U}_S}{R_S + R_L} = \frac{240\angle 0°}{120 + 30} = 1.6\angle 0° \ A$$

所以负载上消耗的功率为

$$P_{L1} = I_L^2 R_L = 1.6^2 \times 30 = 76.8 \ W$$

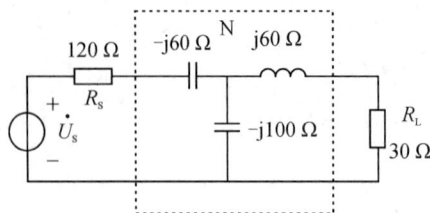

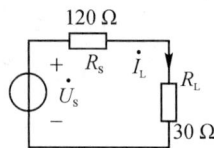

综例 28 图　　　　　　　题解综例 28 图

（2）**将网络 N 插入负载与电源之间**，参看综例 28 图中的网络 N，输入端口的开路、短路阻抗分别为

$$Z_{in\infty} = -j60 - j100 = -j160 \ \Omega$$

$$Z_{in0} = -j60 + \frac{j60 \times (-j100)}{j60 - j100} = j90 \ \Omega$$

所以网络 N 输入端口特性阻抗为

$$Z_{C1} = \sqrt{Z_{in\infty} Z_{in0}} = \sqrt{(-j160)j90} = 120 \ \Omega$$

同理，网络 N 输出端口开路、短路阻抗分别为

$$Z_{out\infty} = j60 - j100 = -j40 \ \Omega$$

$$Z_{in0} = -j60 + \frac{(-j60) \times (-j100)}{-j60 - j100} + j60 = j22.5 \ \Omega$$

网络 N 输出端口特性阻抗为

$$Z_{C2} = \sqrt{Z_{out\infty} Z_{in0}} = \sqrt{(-j40)j22.5} = 30 \ \Omega$$

由于 $R_S = Z_{C1}$，$R_L = Z_{C2}$，电路工作在全匹配状态，此时网络 N 接负载时的输入阻抗为

$$Z_{in} = Z_{C1} = 120 \ \Omega = R_S$$

考虑网络 N 为纯电抗网络，输入阻抗 Z 吸收的平均功率即是实际负载电阻 R_L 上吸收的平均功率，由最大功率传输定理可知

$$P_{L2} = \frac{U_S^2}{4R_S} = \frac{240^2}{4 \times 120} = 120 \ W$$

点评：实际中若遇负载电阻值与电源内阻值不匹配，可在电源与负载之间插入一个纯电抗网络，巧妙设计电抗网络参数，如本例这样，使整个系统全匹配工作，这样可使负载上得到最大功率。这里提醒学生们注意，网络全匹配追求的是无反射波，它不一定得到最大功率，只有特性阻抗为纯电阻的全匹配且插入网络为纯阻抗网络（如本例）时，才能既使网络无反射波，又使负载获得最大功率。此种特殊情况是"鱼"与"熊掌"二者兼得。

综例 29　综例 29 图所示的正弦稳态电路，已知 $i_S(t) = 10\cos\omega t$ A，在电源角频率 ω 任意改变情况下，始终保持 $u(t) = 100\cos\omega t$ V。试确定元器件 R_1，R_2 和 L 的值。

解　由已知的电流、电压正弦时间函数写相量

$$i_S(t) = 10\cos\omega t \ A \rightarrow \dot{I}_S = \frac{10}{\sqrt{2}} \angle 0° = 5\sqrt{2} \angle 0° \ A$$

$$u(t) = 100\cos\omega t \ V \rightarrow \dot{U} = \frac{100}{\sqrt{2}} \angle 0° = 50\sqrt{2} \angle 0° \ V$$

将电感、电容写出各自的阻抗表示形式，画相量模型电路如题解综例 29 图所示。由阻

抗定义可得

$$Z_{ab} = \frac{\dot{U}}{\dot{I}_S} = \frac{50\sqrt{2}\angle 0°}{5\sqrt{2}\angle 0°} = 10 \ \Omega \tag{1}$$

由式(1)可见 Z_{ab} 是与频率无关的纯电阻。

而由阻抗串并联等效，又得

$$Z_{ab} = \frac{(R_1 + \mathrm{j}\omega L)\left(R_2 - \mathrm{j}\frac{1}{\omega C}\right)}{R_1 + \mathrm{j}\omega L + R_2 - \mathrm{j}\frac{1}{\omega C}} = \frac{R_1 R_2 + \frac{L}{C} + \mathrm{j}\left(\omega L R_2 - \frac{R_1}{\omega C}\right)}{R_1 + R_2 + \mathrm{j}\left(\omega L - \frac{1}{\omega C}\right)} \tag{2}$$

令式(2)等于式(1)，有

$$\frac{R_1 R_2 + \frac{L}{C} + \mathrm{j}\left(\omega L R_2 - \frac{R_1}{\omega C}\right)}{R_1 + R_2 + \mathrm{j}\left(\omega L - \frac{1}{\omega C}\right)} = 10 \tag{3}$$

要满足式(3)左端分式对任何角频率时的比值都等于10，必然有

$$R_1 R_2 + \frac{L}{C} = 10(R_1 + R_2) \tag{4}$$

$$\omega L R_2 - \frac{R_1}{\omega C} = 10\left(\omega L - \frac{1}{\omega C}\right) \tag{5}$$

将式(5)通分并移项整理，得

$$\omega^2 LC(R_2 - 10) + (10 - R_1) = 0 \tag{6}$$

欲使 ω 为任意值时上式恒等于零，必须有

$$R_1 = R_2 = 10 \ \Omega$$

将 R_1、R_2 和 C 的值代入式(4)，得

$$L = 100 \ \mu\text{H}$$

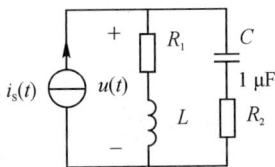

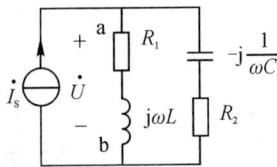

综例 29 图   题解综例 29 图

点评：解答本题的关键概念点是 Z_{ab} 与频率无关，然后从电路结构依阻抗串并联关系找出 Z_{ab} 与元器件参数的关系，边推导边进行分析判断，求解出最后结果。

综例 30 综例 30 图所示的是二端口网络，试讨论案例 α 与 μ 应满足什么关系，它才是可逆网络。

解 列写二端口网络的 z 方程为

$$\begin{cases} \dot{U}_1 = Z_{11}\dot{I}_1 + Z_{12}\dot{I}_2 \\ \dot{U}_2 = Z_{21}\dot{I}_1 + Z_{22}\dot{I}_2 \end{cases}$$

令 $\dot{I}_2 = 0$（输出口开路），由综例 30 图可见

$$\dot{I}_3 = \dot{I} - \alpha\dot{I}, \ \dot{U} = \alpha\dot{I} \times 1 = \alpha\dot{I}, \ \dot{I}_1 = \dot{I}$$

$$\dot{U}_2 = \dot{U} + 2\dot{I} + \mu\dot{U} = \alpha\dot{I} + 2\dot{I} + \mu\alpha\dot{I} = [(\mu+1)\alpha + 2]\dot{I}$$

所以

$$Z_{21} = \frac{\dot{U}_2}{\dot{I}_1}\bigg|_{i_2=0} = (\mu+1)\alpha + 2 \tag{1}$$

令 $\dot{I}_1 = 0$（入口开路），由综例 30 图可见

$$\dot{I}_3 = -\alpha\dot{I}, \ \dot{I}_2 = \dot{I}$$

$$\dot{U} = (\alpha\dot{I} + \dot{I}_2) \times 1 = (\alpha+1)\dot{I}$$

$$\dot{U}_1 = 1 \times \dot{I}_3 + 2\dot{I} + \mu\dot{U} = -\alpha\dot{I} + 2\dot{I} + \mu(\alpha+1)\dot{I}$$

所以

$$Z_{12} = \frac{\dot{U}_1}{\dot{I}_2}\bigg|_{i_1=0} = \mu(\alpha+1) - \alpha + 2 \tag{2}$$

若二端口网络是可逆的，则必须满足

$$Z_{12} = Z_{21}$$

令式（2）等于式（1），即

$$\mu(\alpha+1) - \alpha + 2 = (\mu+1)\alpha + 2$$

故解得

$$\mu = 2\alpha$$

所以，当满足 $\mu = 2\alpha$ 时，该二端口网络属可逆网络。

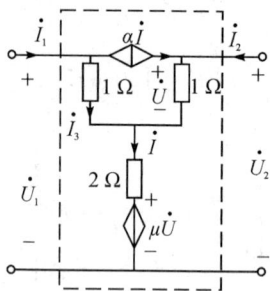

综例 30 图

点评：这里要明确的是，不包含受控源的无源二端口网络一定是可逆网络，而含有受控源的二端口网络有可能是不可逆网络，也有可能是可逆网络。本例中，当 $\mu = 2\alpha$ 时，它就是可逆二端口网络，若 $\mu \neq 2\alpha$ 时，它就是不可逆网络。学生们不能有这样的错觉：含有受控源的二端口网络一定是不可逆的，只能说，常见的大多数含受控源的二端口网络属于不可逆二端口网络。

参 考 文 献

[1]　海纳. 电路基本概念与题解[M]. 北京：人民邮电出版社，1983.

[2]　向国菊，孙鲁扬. 电路典型题解[M]. 北京：清华大学出版社，1989.

[3]　崔杜武，程少庚. 电路试题精编[M]. 北京：机械工业出版社，1993.

[4]　吴锡龙.《电路分析》教学指导书[M]. 北京：高等教育出版社，2004.

[5]　陈希有. 电路理论基础教学指导书[M]. 3 版. 北京：高等教育出版社，2004.

[6]　王淑敏. 电路基础常见题型解析及模拟题[M]. 西安：西北工业大学出版社，2000.

[7]　张永瑞，王松林，李晓萍. 电路基础典型题解析及自测试题[M]. 西安：西北工业大学出版社，2002.

[8]　张永瑞，朱可斌. 电路分析基础全真试题详解（含期中、期末、考研试题）[M]. 西安：西安电子科技大学出版社，2004.

[9]　张永瑞. 电路、信号与系统考试辅导[M]. 2 版. 西安：西安电子科技大学出版社，2006.

[10]　张永瑞，程增熙，高建宁.《电路分析基础》实验与题解[M]. 3 版. 西安：西安电子科技大学出版社，2007.

[11]　张永瑞. 电路分析基础[M]. 4 版. 西安：西安电子科技大学出版社，2013.